国家核安全局经验反馈集中分析会丛书

核动力厂运行值人因管理的专题研究

生态环境部核与辐射安全中心　著

中国环境出版集团·北京

图书在版编目（CIP）数据

核动力厂运行值人因管理的专题研究 / 生态环境部
核与辐射安全中心著. - - 北京：中国环境出版集团，
2024. 9. - - （国家核安全局经验反馈集中分析会丛书）.
ISBN 978-7-5111-6003-4

Ⅰ. TM623.8

中国国家版本馆 CIP 数据核字第 20245M85L3 号

责任编辑　宾银平
封面设计　彭　杉

出版发行　中国环境出版集团
　　　　　（100062　北京市东城区广渠门内大街 16 号）
　　　　　网　　　址：http://www.cesp.com.cn
　　　　　电子邮箱：bjgl@cesp.com.cn
　　　　　联系电话：010-67112765（编辑管理部）
　　　　　发行热线：010-67125803，010-67113405（传真）
印　　刷　北京中献拓方科技发展有限公司
经　　销　各地新华书店
版　　次　2024 年 9 月第 1 版
印　　次　2024 年 9 月第 1 次印刷
开　　本　787×1092　1/16
印　　张　11.75
字　　数　218 千字
定　　价　108.00 元

中国环境出版集团郑重承诺：
中国环境出版集团合作的印刷单位、材料单位均具有中国环境标志产品认证。

编著委员会
THE EDITORIAL BOARD

序
PREFACE

　　《中共中央 国务院关于全面推进美丽中国建设的意见》进一步阐明，为实现美丽中国建设目标，要积极稳妥推进碳达峰碳中和，加快规划建设新型能源体系，确保能源安全。核能，在应对全球气候变化、保障国家能源安全、推动能源绿色低碳转型方面展现出其独特优势，在我国能源结构优化中扮演着重要角色。

　　安全是核电发展的生命线，党中央、国务院高度重视核安全。党的二十大报告作出积极安全有序发展核电的重大战略部署，全国生态环境保护大会要求切实维护核与辐射安全。中央领导同志多次作出重要指示批示，强调"着力构建严密的核安全责任体系，建设与我国核事业发展相适应的现代化核安全监管体系"，"要不断提高核电安全技术水平和风险防范能力，加强全链条全领域安全监管，确保核电安全万无一失，促进行业长期健康发展"。

　　推动核电高质量发展，是落实"双碳"战略、加快构建新型能源体系、谱写新时代美丽中国建设篇章的内在要求。我国核电产业拥有市场需求广阔、产业体系健全、技术路线多元、综合利用形式多样等优势。在此基础上，我国正不断加大核能科技创新力度，为全球核能发展贡献中国智慧。然而，我们也应当清醒地认识到，我国核电产业链与实现高质量发展的目标还有一定差距。

　　"安而不忘危，存而不忘亡，治而不忘乱。"核安全是国家安全的重要组成部分。与其他行业相比，核行业对安全的要求和重视关乎核能事业发展，关乎公众利益，关乎电力保障和能源供应安全，关乎社会稳定，关乎国家未来。只有坚持"绝对责任，最高标准，体系运行，经验反馈"，始终把"安全第一、质量第一"的根本方针和纵深防御的安全理念扎根于思想、体现于作风、落实于行动，才能确保我国核能事业行稳致远。

高水平的核安全需要高水平的经验反馈工作支撑。多年来，国家核安全局致力于推动全行业协同发力的经验反馈工作，建立并有效运转国家层面的核电厂经验反馈体系，以消除核电厂间信息壁垒、识别核电厂安全薄弱环节、共享核电厂运行管理经验，同时整合核安全监管资源、提高监管效能。经过多年努力，核电厂经验反馈体系已从最初有限的运行信息经验反馈，发展为全面的核电厂安全经验反馈相关监督管理工作，有效提升了我国核电厂建设质量和运行安全水平，为防范化解核领域安全风险、维护国家安全发挥了重要保障作用。与此同时，国家核安全局持续优化经验反馈交流机制，建立了全行业高级别重点专题经验反馈集中分析机制。该机制坚持问题导向，对重要共性问题进行深入研究，督促核电行业领导层统一思想、形成合力，精准施策，切实解决核安全突出问题。

"国家核安全局经验反馈集中分析会丛书"是国家核安全局经验反馈集中分析研判机制一系列成果的凝练，旨在从核安全监管视角，探讨核电厂面临的共性问题和难点问题。该丛书深入探讨了核电厂的特定专题，全面审视了我国核电厂的现状，以及国外良好实践，内容丰富翔实，具有较高的参考价值。书中凝聚了国家核安全监管系统，特别是国家核安全局机关、核与辐射安全中心和业内各集团企业相关人员的智慧与努力，是集体智慧的成果！丛书的出版不仅展示了国家核安全局在经验反馈方面的深入工作和显著成效，也满足了各界人士全面了解我国核电厂特定领域现状的强烈需求。经验，是时间的馈赠，是实践的结晶。经验告诉我们，成功并非偶然，失败亦非无因。丛书对于核安全监管领域，是一部详尽的参考书；对于核能研究和设计领域，是一部丰富的案例库；对于核设施建设和运行领域，是一部重要的警示集。希望每位核行业的从业者，在翻阅这套丛书的过程中，都能有所启发，有所收获，有所警醒，有所进步。

核安全工作与我国核能事业发展相伴相生，国家核安全局自成立以来已走过四十年的光辉历程。核安全所取得的成就，得益于行业各单位的认真履责，得益于行业从业者的共同奋斗。全面强化核能产业核安全水平是一项长期而艰巨的系统工程，任重而道远。雄关漫道真如铁，而今迈步从头越。迈入新时代新征程，我们将继续与核行业各界携手奋进，坚定不移地锚定核工业强国的宏伟目标，统筹发展和安全，以高水平核安全推动核事业高质量发展。

是以为序。

董保同

生态环境部副部长、党组成员

国家核安全局局长

2024 年 9 月

前 言
FOREWORD

　　习近平总书记在党的二十大报告中指出"高质量发展是全面建设社会主义现代化国家的首要任务",强调"统筹发展和安全""以新安全格局保障新发展格局""积极安全有序发展核电",为新时代新征程做好核安全工作提供了根本遵循和行动指南。新征程上,我们要深入学习贯彻习近平新时代中国特色社会主义思想,以总体国家安全观和核安全观为遵循,加快构建现代化核安全监管体系,切实提高政治站位,站在维护国家安全的高度,充分认识核电安全的极端重要性,全面提升监管能力水平,以高水平监管促进核事业高质量发展。

　　有效的经验反馈是保障核安全的重要手段,是提升核安全水平的重要抓手。经过多年不懈努力,国家核安全局逐步建立起一套涵盖核电厂和研究堆、法规标准较为完备、机制运转流畅有效、信息系统全面便捷的核安全监管经验反馈体系。经验反馈作为我国核安全监管"四梁八柱"之一,真正起到了夯实一域、支撑全局的作用。近年来,为贯彻落实党的二十大和全国生态环境保护大会精神,国家核安全局坚持守正创新,在经验反馈交流机制方面有了进一步的创新发展,建立并运转经验反馈集中分析机制。通过对核安全监管热点、难点和共性问题进行专题探讨,督促核电行业同题共答、同向发力,有效推动问题的解决。

　　三哩岛和切尔诺贝利核事故之后,人们已深刻认识到人的因素对核反应堆这一大规模现代化人-机系统运行安全的重要性。国内外大量统计数据表明,人因失误是诱发核动力厂运行事件的最主要因素。我国核安全监管也持续保持着对核动力厂人因问题的重点关注。

本书聚焦于近年来国内发生的多起运行值人因失误导致的运行事件，介绍核电厂人因失误定义、分类、发生机理和预防手段；对国内外发生的典型人因事件进行多维度分析，分析美国核管理委员会（NRC）、美国核电运行研究院（INPO）、欧盟委员会联合研究中心（JRC）等国外组织的研究成果和良好实践；给出核动力厂人因管理体系的评估方法和指标设置，回顾总结国家核安全局核电厂人因工作组工作成果，以及2023年国家核安全局第一次经验反馈集中分析会后续监管要求，提出下一步工作建议。

本书共11章。第1章由许友龙、郑丽馨编写；第2章由刘锐、侯秦脉编写；第3章由侯秦脉、许友龙、邹象编写；第4章由吴彦农、许友龙、焦峰编写；第5章由张慧一、郑超颖、王冠一编写；第6章由焦峰、马国强、毛欢编写；第7章由张佳佳、官宇、钱鸿涛编写；第8章由褚倩倩、马国强编写；第9章由邹象、许友龙编写；第10章由杨未东、许友龙编写；第11章由马国强、许友龙编写。整书由许友龙进行统稿，由郑丽馨、李斌进行校核，严天文、柴国旱、殷德健对全书进行了审核把关。

本书在编写过程中获得了生态环境部（国家核安全局）的大力支持。同时，对中核集团、中国华能集团、国家电投集团、中广核集团等相关单位的支持，以及张力、卢银娟、张锦浙、田秀峰、宋霏、仇永萍、胡攀、李林峰、刘朝鹏、王荣华、邹衍华等人的辛勤付出表示衷心感谢！

本书在撰写过程中对我国核动力厂运行值人因管理、人因事件分析与调查、人因管理指标体系、人因管理体系评估方法、人员可靠性分析方法及人因核安全监管和后续行动等内容开展了广泛、深入的调研，虽竭尽所能，但作者毕竟学识水平有限，书中难免存在疏漏或不妥之处，深切希望关注核安全的社会各界人士、专家、学者以及对本书感兴趣的广大读者不吝赐教、批评指正。

编写组

2024年8月

目 录
CONTENTS

第 1 章

概 述

1.1 背景

三哩岛和切尔诺贝利核事故之后，人们已深刻认识到人的因素对核反应堆这一大规模现代化人-机系统运行安全的重要性。国内外大量统计数据表明，人因失误是诱发核动力厂运行事件的最主要因素（图 1-1）。我国核安全监管也持续保持着对核动力厂人因问题的重点关注。

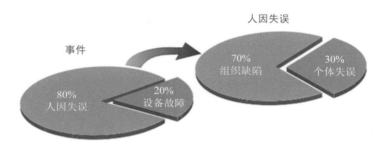

图 1-1 国际原子能机构（IAEA）对核动力厂事件原因统计分布图

在核电厂运营阶段，人因失误已成为引发事故的主要原因之一，如何通过人因失误防范技术和工具，预防核电厂人因失误发生以避免严重的后果已成为国内外核安全界关注的焦点。美国三哩岛核事故后，核电行业从以往主要关注反应堆设计安全、设备可靠性向关注人员操作可靠性转变，并提出人因绩效管理思想。

人本身具有复杂性、善变性、能力有限等固有局限性，且还会受到外部环境、组织管理因素的影响，因此对于人因绩效的有效管理显得格外重要，对人因失误的预防与控制措施必须是系统的。这也是人因绩效管理的目的，需要采取必要的管理手段来减少人因失效，强化标准和期望，实现长期"零人因事件"是核电厂运营阶段始终追求的卓越目标。

核电厂作为一个复杂的人-机系统，其设计、运行和管理都离不开人的作用。核电厂工作人员的正确操作是保证核电厂安全运行的重要条件。

减少核电厂运行事件数量，提高运行安全水平，必须加强核电厂防人因失误工作。但人员行为存在灵活性和变化性，比设备故障更加复杂。不同类型错误和特定原因之间没有一一对应的联系。因此，对人因失误的模式、机理、深层原因进行梳理总结是防人因失误的前提和基础。

1.2　目的

本书通过全面介绍核动力厂人因失误的定义、分类、分析要素、分析方法、人因事件统计分析、国内外人因管理相关研究成果、聚焦运行值人因管理的关键技术，得出我国核动力厂人因监管当前的总体现状，从而给出监管建议。

本书旨在总结人因管理各个方面的分析方法，包括：

- 基于人的行为认知 Reason 模型的人因失误分类及分析；
- 人因可靠性分析（HRA）方法；
- 人因失误管理屏障分析；
- 防人因失误工具失效分析；
- 人因失误陷阱预判等。

此外，本书将介绍当前国内外核电厂普遍使用的基于美国核电运行研究院（INPO）发布的 INPO08-004 人员绩效指标，以及基于世界核电运营者协会（WANO）发布的核动力厂人因管理体系评估指南（WANO GL 2019-03），以此推动我国核动力厂人因管理相关工作的开展，以及促进相关经验和良好实践的分享。

1.3　意义

许多设施的安全运行，包括商业核电厂和核材料设施，需要可靠的人员行为。在监管的核工业领域，人因失误在大量事件中起着重要作用。

美国电力研究所（EPRI）的研究人员认为，在引发事件和事故的因素中人因失误（如不恰当或不充分的人员行为）占很大比例。在交通运输和工业（商业飞机制造与维护、制造业、化工业、采矿业）以及电力生产领域，这一结论也得到了验证。在核电厂事件或事故中人因的贡献比重占到 40%～80%，这取决于具体的研究和分析方法，但是人因失误始终被认为起主要作用。

人因失误可能在事件序列中扮演不同的角色。一次失误可能：

- 直接引发一起事件；
- 制造条件促成事件，促成条件与其他事件或条件结合，使得事件发生（如将本应关闭的阀门开启）；

- 使得事件后果更严重；
- 延缓了事件恢复。

人因失误通常是对事件有促成作用而不是直接引起事件。事实上，单一的人因失误不大可能引起非常严重的后果，因为核电厂内的大多数系统在设计时都考虑了容错，即设计为可以阻止单一人员行为（或未能动作）引发严重后果。

有重要风险的事件常常涉及多个系统缺陷，一些缺陷可能在事件发生前很久就存在。例如，系统最初安装时的错误可能为几个月甚至几年后的一起人因失误埋下隐患。对事件中包含的人因失误进行调查的价值在于理解失误是如何发生的，这样才能采取纠正行动，使得重发的可能性最小。

在事件发生前发现和纠正错误征兆也是非常重要的。人员行为趋势是由于相似原因产生的一种典型失误征兆。

尽管每天发生的大多数异常对核电厂安全运行没有直接影响，但不利的人员行为趋势可能会增加公众所遭受的风险。例如，一种失误模式可能系统性地降低一系列设备的可靠性（如标定错误）或该类失误可能与错误的状况结合而共同导致事件的发生。

运行值班组人员是核动力厂中最重要的群体。其直接负责运行和管理机组，保证正常生产运行和事故响应。因此，运行值人因失误的研究、预防和应对是当前核动力厂人因管理中的重中之重。

因此，本书所介绍的国内外核动力厂、燃料循环设施运行值发生的一些典型人因失误，从不同角度和维度进行回溯与分析，从而吸取值得借鉴的经验教训和采取纠正措施，避免类似事件的重发，为我国核动力厂的人因管理提供借鉴，具体包括以下几个方面。

1）为核动力厂、设计院、研究院提供人因事件典型案例分析；

2）帮助核安全审评人员审查核动力厂人因运行事件以及开展人因事件调查；

3）帮助核动力厂开展人员绩效指标开发与使用；

4）提供一种核动力厂人因管理评估活动的指南或方法；

5）帮助核安全审评人员与核动力厂防人因相关工作人员了解国际上对于人员与组织因素（HOF）的关注与最新研究结论；

6）帮助概率安全分析（PSA）相关审评人员及核动力厂、研究院人员开展我国核动力厂人员可靠性分析。

第 2 章

人因失误定义及相关分析要素

本章将介绍人因失误的定义、分类及其机理；人因失误屏障和防人因失误工具；人因失误产生机制和诱发大规模复杂人-机系统人因事件的主要因素，以及人因管理的基本理念。这些内容是后续进行典型人因事件案例分析及与国际组织研究结果进行对比的基础。对于人因失误的定义、产生机制和相关概念，在不同组织机构和不同研究者中有不同的看法和角度，在此特别予以说明。

2.1　人因失误定义

心理学领域把非主观故意的失误统称为人因失误。人的特性极其复杂，涵盖生理、心理、社会、文化等多个层次，人的行为呈现多样性和复杂性。无论从人的自然属性还是社会属性来看，人因失误都无法彻底根除，但可通过一定手段减少其发生。

关于人因事件的定义，国内外的相关研究机构和组织尚缺乏共识，未能统一。例如，INPO 和 WANO 都将其定义为"人因失误导致核电厂构筑物、系统或部件，或人员/组织状态（健康、行为、行政控制等）产生非预期不良变化，且这种变化超出既定重要准则"；《电力名词》第三版中将其定义为"由于人员不恰当的操作行为引发的差错事件"；国内多数核电厂管理程序中则将直接原因为人因的事件定义为人因事件；国内部分学者依据 WANO 的根本原因分类，将根本原因和原因因素（root cause and casual factors）中含有人员行为相关（human performance related）或组织相关（management related）因素的事件定义为人因事件。上述定义中所存在的分歧说明当前业界对人因事件缺乏统一的认识。在本书中，综合上述观点，将直接原因、根本原因或原因因素中含有与人员行为相关或组织相关因素的事件定义为人因事件。需要认识到，人因事件通常不是由单一的因素导致，而是多因素引发的。

直至今日，人们对人因失误的界定还没有达成广泛的共识。不同的专家和学者分别从不同的角度给出了自己的定义。

James Reason 从心理学的角度，将人因失误定义为：人们虽然进行了一系列有计划的心理操作或身体活动，但没有达到预期的结果，而这种失败不能归结为某些外界因素的介入。

Swain 给出工程中人因失误的定义为：任何超过一定接受标准（系统正常工作所规定的接受标准或容许范围）的人的行为或动作。

Lorenzo 则认为如果作用于系统的人的任何行为（包含没有执行或疏于执行的行为）超出了系统的容许度，那么就是人因失误。

中核集团人因管理中对人因失误的定义为：人的行为的结果偏离了规定的目标，或超出了可接受的界限，而产生了不良影响。

中广核集团人因管理中对人因失误的定义为：人员无意识的错误，导致了运行、安全或管理问题，或者违反了核电站的程序、政策或管理预期。

德国核设备与反应堆安全研究协会（GRS）根本原因分析方法中对人因失误的定义为：任何人的行为与对物象的要求不一致的情况都视为人因失误。这里的物象是指核电厂的一部分，如阀门和程序。每一个物象都有它指定的功能和任务，这就提高了人与物象之间相互作用的要求。

IAEA 对人因失误的定义为：不符合期望和标准的行为。人因失误可能导致不希望的结果（事件）。

本书基于 IAEA 及行业内对人因失误的普遍认知，将人因失误定义为：人未能精确地、恰当地、充分地、可接受地完成所规定的绩效标准范围内的任务。

2.2　人因失误分类

2.2.1　人因失误分类机理

在核电厂，通常基于 Rasmussen 的 SRK 三级行为模型将人的认知活动归纳为基于技能的（skill-based）行为（技能型）、基于规则的（rule-based）行为（规则型）、基于知识的（knowledge-based）行为（知识型）三种类型，如图 2-1 所示。基于技能的行为在信息输入与人的反应之间存在着非常密切的耦合关系，它不依赖于给定任务的复杂性而只依赖于人员培训水平和完成该任务的经验。基于规则的行为由一组规则或程序控制和支配，它与基于技能的行为的主要不同点是来自对实践的了解或者掌握的程度。基于知识的行为是发生在当前情境不清楚、目标状态出现矛盾或者完全未遭遇过的新的情境下，作业人员无现成的规则可用，必须依靠自己的知识、经验进行分析、诊断和决策，这种知识行为的失误概率较大。因此，在基于技能的行为中，由于受高度熟练的实践和经验的控制，作业人员执行的是非常熟悉的状态，其状态特征与预先设定好的存储记忆的动作序列高度吻合，个体感知到的信息、运动神经以及肌肉动作是自动进行处理的，几乎不需要消耗人的注意力资源。在基于规则的行为中，通过运用已有的规则，以及受规则的限制和影响，大量自动化的行为方式被融入一个新的行为模式，在确定目标之后要求保持原来的动作或进行另外的动作，因而需要根据规则在关键点做出选择，这样的行为需要意向控制。在基于知识的行为中，需要处理的信息是作业人员从未实践过的新颖情况，作业人员必须进行推理、计算等，由于人的信息处理能力的局限性，基于知识的推理可能导致误解释等错误，并可能延长寻找解决问题对策的时间。

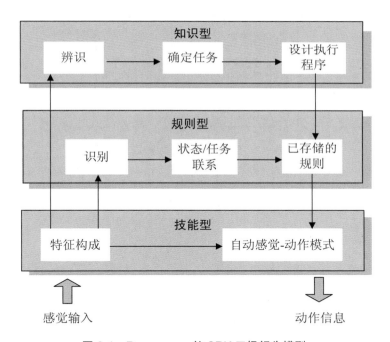

图 2-1　Rasmussen 的 SRK 三级行为模型

Swain 的人因失误机理模型也可帮助我们理解人因失误是如何产生的，见图 2-2。

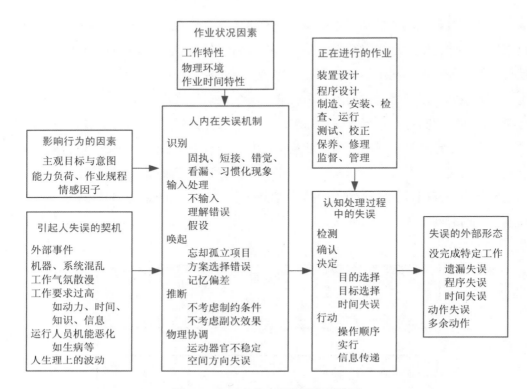

图 2-2　Swain 的人因失误机理模型

2.2.2　人因失误分类及减少人因失误的方法

（1）人因失误分类

人的行为呈现多样性和复杂性，不论从人的自然属性还是社会属性来看，人因失误都无法彻底根除，但可通过一定手段减少其发生。

人因失误分类：按照核电行业内普遍认可与使用的 Rasmussen SRK 三级行为模型，人因失误可以分为知识型、技能型和规则型。

知识型人因失误指人们通过分析、判断来解决问题过程中所犯的失误。这类失误通常是工作人员的知识欠缺、经验不足等因素所致。

技能型人因失误指在进行一些经常的、简单的、熟练的操作过程中所犯的错误。产生这类失误的原因通常是注意力不集中，即通常所说的"一时疏忽"。

规则型人因失误指违规操作、规程本身缺陷导致的人因失误，以及人员未取得资质或授权便进行工作的人因失误。

人员对任务的熟悉度与注意力的关系见图 2-3。

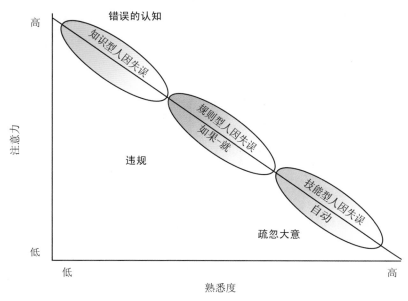

图 2-3　人员对任务的熟悉度与注意力的关系

综上所述，操作人员的失误可细分为技能级偏离、规则级弄错、知识级弄错。其在行为类型、操作模式、注意焦点、失误形式、失误检查几个方面的特征见表 2-1。

表 2-1　三种失误类型的特征

比较项目	技能级偏离	规则级弄错	知识级弄错
行为类型	常规行动	解决问题	解决问题
操作模式	按照熟知的例行方案无意识地自动处理	依据选配模型半自动处理	资源制约性的系列意识处理
注意焦点	现在的工作以外	与问题相关联的事项	与问题相关联的事项
失误形式	在行动中	在应用规则中	多种多样
失误检查	快速	困难，需他人帮助	困难，需他人帮助

（2）针对规则型人因失误的进一步分析

按照健康（health）、安全（safety）和环境（environmental）（HSE）管理体系的相关报告，规则型人因失误可以进一步分类与分析，具体如表 2-2 所示。

表 2-2　规则型人因失误分析表

习惯性违规：违反规定、程序、指引的行为已成为例行习惯，不自觉违规	
成因	走捷径、规定被认为太过于约束、规定被认为不再适用、缺少强化管理
抑制措施	识别行为风险并减少引起风险的行为发生，提高识别该行为的概率，合理化工作系统，减少不必要的规定
情景式违规：现场作业空间、环境引起难以按照规定要求工作	
成因	工作环境设计及条件、时间压力、人员数量、设备设计、设备可用性、超出组织管控的因素（如天气、工作时间）、有冲突的要求、不可能实现的要求、程序不合适或不适用
抑制措施	改进工作设计、改进风险报告系统、改进工作条件、增加适当的监督
特定（exceptional）违规：特定异常环境下（通常在出现异常时）人员尝试解决问题引起的违规	
成因	尝试解决新问题时违章、未能完全识别新行为引入高风险、高风险行为不可避免
抑制措施	异常情况应对培训、降低人员快速响应的压力并提供支援、确保有合适的屏障阻止后果
改进式违规：尝试优化工作情形时发生的违规	
成因	重复性、无挑战或枯燥的工作时寻求刺激，探索系统严格边界的渴望，纯粹的好奇
抑制措施	工作过程设计、检查被认为过于严格的规定
引起违章发生的通用性因素包括时间压力、高工作负荷、快速完成工作的需求，大多数违章有成为习惯性违章的趋势	

（3）减少人因失误的方法

知识型人因失误（完善思维模式）：

- 练习通过系统化方法来应对不熟悉的情况；
- 设计一些没有标识的设施，让人员在没有文字提醒和标识的情况下练习怎样处理问题；
- 练习团队合作意识和技巧；
- 练习怎样担当团队中那个专门提出反面看法的"恶人角色"；
- 练习反思的技巧；
- 练习通过应用系统设备相关的知识来应对不熟悉的场景；
- 练习用系统思考的方法来分析问题；
- 寻求外部支持。

规则型人因失误（避免被打扰）：

- 将规程中的关键点凸显出来；

- 简化规程，避免规程中的矛盾；
- 通过培训将规则型任务变成技能型任务；
- 识别并纠正图纸上的错误；
- 完善制度的规定；
- 采用多种指示方式；
- 提倡用大声读出的方式来提高注意力；
- 练习使用规程；
- 对安全相关的关键步骤要特别突出；
- 完善影响人因失误因素的视觉提醒。

技能型人因失误（提高注意力）：

- 在相似的控制装置上上锁；
- 在关键步骤上作记号以提高注意力；
- 监督或再多派一个人进行互检；
- 避免多种模式的控制和开关；
- 如果使用规程中断，恢复后再重复前 2～3 步；
- 优化计划，减少任务实施过程中的干扰，避免时间压力；
- 使用运行经验；
- 人员轮班；
- 经常练习某项工作技能，提高熟练度；
- 将技能实践简化或标准化；
- 重视互检和鼓励质疑的态度；
- 识别影响人因失误的因素；
- 让一些不适合人操作的工作机械化；
- 改进人机界面。

2.2.3　防人因失误屏障

屏障的缺陷和失误先兆存在的根源在组织；提高屏障的有效性、减少失误先兆需要从组织着手，审查已有的目标、政策和制度流程等。

当工作人员面对设备即将开始工作时，不完善的屏障、失误先兆以及潜在的组织缺陷这 3 个环节的不足会综合体现在工作任务的实施过程中。这时，工作人员就成了最后一道屏障。有时工作人员采用正确规范的工作方法和认真、细致、负责的态度是可以起到屏蔽作用的。

1990 年 James Reason 提出瑞士奶酪模型，该模型认为组织中问题的发生有四个层面的因素（四片奶酪），即组织影响、不安全的监督、不安全行为的前兆、不安全的操作行为。每一层奶酪代表一层防御体系，奶酪上的空洞代表防御体系中存在的漏洞或缺陷，孔洞的位置和大小都在变化，但当每层奶酪上的孔洞在瞬间排列在一条直线上时，就形成了"问题通行道"。因而，应当针对每个层面上的具体漏洞或缺陷采取措施，才能阻截"问题通行道"的形成。

屏障是保护人员、设备或提高人-机系统安全性能的防御措施和手段，其作用一般是用来抵御各种伤害（如辐射伤害、化学伤害、高温灼伤等）、缓解伤害后果（如反应堆安全裕度降级、人员受伤、设备受伤等）。

按照 James Reason 的奶酪模型，核电厂防人因失误设置了实体屏障、个人屏障、管理屏障和组织屏障（图 2-4）。实体屏障包括实体隔离上锁、报警、防误碰装置等。个人屏障包括人员技能、风险意识等。管理屏障包括管理规定和程序文件等。组织屏障包括安全文化、职责授权等。

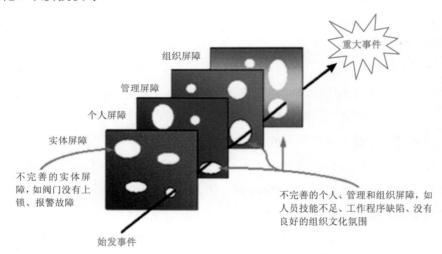

图 2-4　防人因失误屏障示意

屏障不能防范所有情况下的失误和所有类型的失误。针对这样的情况，解决策略有两个方面：一是完善每一道屏障，减少屏障自身的漏洞和不足；二是增设屏障，通过屏障的群体防御来提高防御效果。这样的防御理念被称为"纵深防御"。

在执行一个工作任务时，与任务相关的危险就自然伴生了。如果这些危险没有得到屏障的有效阻挡，那就会"长驱直入"，穿过所有防御的屏障，直到最后一道屏障被突破后，其性质就不再是"危险"，而变成了"伤害"，也就是我们常说的"发生了事件"。

2.2.4　防人因失误工具

防人因失误工具最早源自 INPO，推行人员行为大纲（防人因失误工具）以减少人因失误。目前，核电厂广泛使用的防人因失误工具包括明星（STAR）自检、监护、独立验证、三向交流、遵守/使用规程、工前会、质疑的态度、不确定时暂停等。各核电集团、核电厂会在此基础上开发一些具有各自管理特色的防人因失误工具，如管理者巡视等。典型防人因失误工具卡见图 2-5。

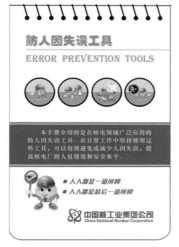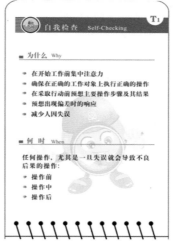

图 2-5　防人因失误工具卡

目前广泛使用的有以下 8 个防人因失误工具：

1）明星自检：人员在执行一项工作前对整个工作进行了清晰的思考，在工作中给予了正确的执行，并在工作后对预期响应进行了审查。STAR 原则将操作行为分为 4 个步骤：Stop（停顿）、Think（思考）、Act（行动）、Review（审查）。

2）监护：在执行某个具体行动之前和期间，由两个人（一人是操作执行人，一人是操作监护人）在同一时间和地点共同执行同一任务，其中一人操作，一人同步确认。通过操作人和监护人同时检查将要进行的操作，以确保操作的正确性，形成预防错误的第二道屏障。

3）独立验证：将工作人员分为操作者和验证者两个小组，验证者独立于操作者核实系统和设备状态进行验证。操作者和验证者并不一定要求在行动上分开，但验证者的行为必须是独立的并且是完整的，两人的相互影响必须减少到最小。

4）三向交流：通过信息的发送、复述和确认，从而确保信息从发送人准确无误地传输给接收人的一套特定口头交流原则。

5）遵守/使用规程：在任何活动中必须严格按照反映电厂设计基准的电厂适用规程来行动。该类文件包括程序、政策、工作包、工作单等。

6）工前会：在执行一项任务/工作前，相关工作人员参加面对面的准备会，以便清楚地理解任务目标、范围、风险、安全要点、防护措施、应急预案的活动，保证有效完成任务/工作。

7）质疑的态度：在工作中要保持一种去伪求真的探究工作态度，通过对自己或者他人提出并解决疑问，确认所做的计划、判断和决定与当前情况相适应。

8）不确定时暂停：当工作人员在实施任务过程中，遇到有疑问或自己不能确信是正确的时候，停止工作，向他人求助或澄清后，再继续执行任务的行动。

2.3　核电厂人因失误产生机制

2.3.1　人的固有特性与安全行为表现

（1）人的认知特点

● 人有生理极限：体力极限、反应速度极限、生物节律极限以及生理极限等。

● 人是会对现实存在作出反应的意识体，并且受环境以及生理极限的影响。

（2）人的行为模式

人在获取和处理信息时有三种基本行为过程，形成最终行为结果的另一关键因素即在进行上述三种过程中注意力的分配。

● 感知：用视觉、听觉及其他感觉来觉察出现的信息或现象，例如，显示、信号、环境给出的提示等。

● 思考：参与作决定的精神活动，对感知的信息需要作出的反应，作出判断，例如，有时临时记忆和长期记忆有个思想斗争的过程。

● 行动：通过动作改变物体的状态，例如，关闭某个阀门等。

● 注意力：关注力资源，在实施任务时相应地分配关注度，有助于注意到信息的存在。例如，根据任务的复杂程度，给予不同的关注度。

三种基本行为过程与注意力的关系如图 2-6 所示。

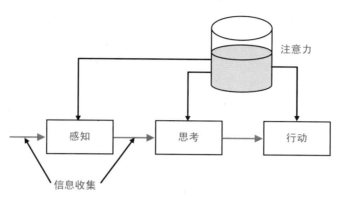

图 2-6　人的行为模式示意

（3）人的固有局限性

● 精力有限：人能连续工作的时间有限。

● 走捷径：人的大脑总是试图回避高度集中的思考，习惯以熟知的方法开展工作，做事的目标通常是满意即可而不是最优。

● 一心不能二用：人在一定的条件下，做事不能超过两件，如果同时进行更多的工作，很容易出错。

● 人的状态是波动的：人的最佳工作状态与人的精神和身体状态有关。

● 重复行为的不一致性：人的行为不可能总是准确无误地重复进行，每次重复都有出现新问题的风险。

● 思维的倾向性：人的大脑在采集信息时有一种倾向，就是只采集自己想要的，一些重要的信息往往被过滤掉，而一些不必要的信息却莫名其妙地被采集进来。

● 当局者迷：直接从事工作的人员往往难以发现自己的错误，而这些错误在旁观者看来却显而易见。

● 想当然：凭主观推断，认为事情大概是或应该是这样。

● 片面地看问题：仅根据自己掌握的一部分信息去判断和做决定。

● 只关注自己想关注的：故意寻找支持内心观点的事实，对那些和自己观点不符的事实视而不见。

（4）常见的不安全心理

● 常见的容易诱发不安全行为的心理有：取巧心理、冒险心理、逆反心理、散漫心理、懈怠心理、草率心理、从众心理和慌乱心理等。

● 受社会因素、作业环境因素、家庭因素和个人因素的影响，每个人的经历、受教育程度，所占有的社会资源和获得的社会利益不同，所以每个人对安全相关事务有着不同的心理反应。

不安全行为共性影响因素举例见表 2-3。

表 2-3　不安全行为共性影响因素

社会因素	作业环境因素	家庭因素	个人因素
社会经济状况	物理环境	家庭经济压力	生活阅历
国家政策法规	人文环境	和睦的家庭气氛	世界观
社会福利待遇		和谐的邻里关系	价值观
工资制度			收入、地位
社会就业情况			工作能力
社会失业率			

2.3.2　人员行为动态模型

依据认知心理学，从人的认知行为意图上，人因失误大致可分为偏离/遗忘失误（意图正确但行动时失误）和弄错失误（在行为意图形成阶段的失误）两大类。偏离失误仅可能出现于技能型行为中，对应于操作人员特征中的"监视与控制"。当它发生后，失误的信息能迅速反馈给操作人员，操作人员将此信息与头脑中设想的状态加以比较，容易觉察失误并修正。而弄错失误可能发生于规则型和知识型行为中，对应于整个"监视—确认—决策—控制"过程。尤其是当发生在知识型行为时，系统反馈的信息可能与操作人员头脑中设想的状态相一致，因而操作人员本人很难发觉失误。

从动态方面考虑，偏离通常产生于监视中（问题检出前的偏离），弄错通常产生于问题解决中（问题检出后处理过程中的弄错）。在操作值班中，操作人员间断性地检测系统是否按意图运行（称为意图检测），若是熟识的状态则无意识地作熟练性的操作（技能型行为）。这个技能型的行为可以看作预先被程序化了的一连串动作的有序集合。在这个有序集合中，如图 2-7 所示，在某些节点（称为分歧节点）可能产生数条分支。当动作到这些节点时将沿哪条分支进行，其选择优先度由其固有的使用频率、近因效应等决定。当意图检测与分歧节点同步（相遇）时，则失误不会产生。当它们错位时，优先度高的分支行动就会无意识地被实施，这样，作业可能就未沿着工作意图进行，而以偏离的形式产生失误。

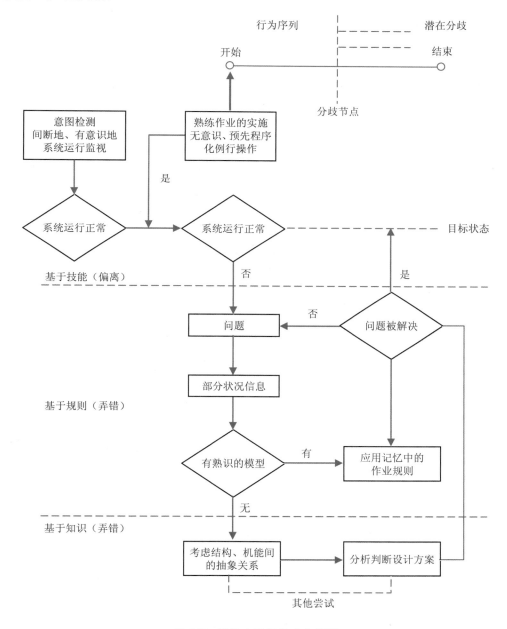

图 2-7　操作人员行为动态模型

另外，对于在意图检测时觉察到了异常情况（问题检出）的场合，操作人员考虑解决问题的方法时，受人本能的意识制动调节机构的作用，常常不是去探索最优化方案，而是更多地表现出选择简单易行的模型进行组合匹配的倾向，首先采取基于规则的行为（在此可能产生选择规则、匹配模型的错误，或是未做特殊的动作而产生短路），当这种行为遇到麻烦时才开始转向基于抽象知识的行为模式（在此可能产生单线思考、钻牛角尖等的错误），图 2-7 中说明了在问题检出后具有双重回路。

2.4　诱发大规模复杂人–机系统人因事件的主要因素

根据系统工程理论，引起复杂人-机系统操作人员失误的因素必然与人员本身的因素及机械、环境因素有关。通过对大量人因事件的分析，发现诱发大规模复杂人-机系统人因事件的主要原因可归结为 8 个类别（表 2-4）。

表 2-4　诱发大规模复杂人-机系统人因事件的主要原因类别

原因类别	描述
1	人员个体原因：疲劳、不适应、注意力分散、工作意欲低、记忆混乱、期望、固执、心理压力、生物节律影响、技术不熟练、推理判断能力低下、知识不足
2	设计原因：操作器/显示器的位置关系、组合匹配、编码与分辨度、操作与应答形式，信息的有效性、易读性，反馈信息的有效性
3	作业原因：时间的制约、对人-机界面行动的制约、信息不足、超负荷的工作量、环境（噪声、照明、温度等）方面的压力
4	规程/程序原因：错误规程、指令、不完备或矛盾的规程、含糊不清的指令
5	教育培训原因：安全教育不足，现场训练不足（操作训练、创造能力培养训练、危险预测训练等），基础知识教育不足，专业知识、技能教育不足，应急规程不完备，缺乏应对事故的训练
6	信息沟通原因：信息传递渠道不畅，信息传递不及时等
7	组织原因：组织管理混乱，不良的组织文化等
8	不安全行为：未使用/未正确使用规程、人员违规、未使用/未正确使用防人因失误工具卡等

以上 8 个类别的原因是相互联系的。在一次事件中，诱发其产生的根源常常是这 8 个原因的叠加。人因事件常是多个原因交互作用的结果。但是随着科技的不断进步，机

械、环境系统及人-机界面——这些作为外部的条件越来越完善。在这种情况下，今后可能诱发人员失误的最主要、最根本的因素或许就是人的内在弱点（表 2-5）。人既有生理的存在，又有心理的存在：这既是人的长处，又是人的弱点。这些弱点是固有的，虽然可以通过教育、培训、改善人-机界面以及电厂管理等得到一定程度的弥补，但无法从根本上消除。

表 2-5　人的内在弱点

①存在误解、错觉
②易产生疲劳←体力界限
③欠缺机体的恒常性←存在不稳定性、转移性；精度界限
④存在速度界限←有 0.2 s 的反应延迟时间
⑤具有对环境的容许界限
⑥易被感情左右
⑦具有生物节律
⑧存在意识水平波动性
⑨存在信息处理能力界限←信息传递容量的界限
⑩知觉能力与规划能力有限

在这里，应特别注意人的意识水平的变化对人的作业有着显著的影响。根据大脑生理学，大脑的信息处理系统是否容易犯错误，取决于意识水平层次的高低。人大脑的意识水平分为五个层次（表 2-6）。

表 2-6　人大脑的意识水平

层次	意识状态	注意力情况	生理状态	失误比率
0	无意识，失神	0	睡眠	—
I	意识昏沉，低于正常	迟钝	疲劳、单调 想睡、醉酒	1/10 以上
II	正常，松弛状态	被动的 心神内向	安静起居 正常作业、休息时	1/100～1/10 000
III	正常，活跃状态	主动的 心神外向	积极活动时	1/1 000 000 以下
IV	过度紧张、兴奋	精力凝于一点， 判断停止	感情兴奋 恐怖状态	1/10 以上

在一天的生活中，人的意识状态是在不断地波动、变化的。第Ⅲ层次是人员可靠性最好的状态，但一次的持续时间不会超过 30 min。在作业时，人的意识状态一般属于第Ⅱ层次的松弛状态和第Ⅲ层次的活跃状态，而属第Ⅱ层次的累计时间最长，尤其是在监视作业中。在此层次的意识水平下，由于没有把注意力积极向前推动，因此表现出"不注意""心不在焉"，此时预测力、创造力均低下，因而容易产生失误。偏离失误的生理根源也在于此，即意识水平的高低影响着意图检测的频率和有效性。

当紧急事态或非常规状态发生时，作业量突然增加，作业时间紧迫，给作业者精神上造成巨大的压力，大脑意识水平急升为第Ⅳ层次，在高度紧张和焦虑情况下，信息处理能力显著降低。如三哩岛核电事故发生的最初 30 s 内，警报响了 85 次，警灯亮了 137 个，超异常的外界紧急信息致使运行人员心理极度紧张，陷入了混乱。

人在过度紧张的心理状态下，从信息输入、处理到输出，都比正常状态下容易向失误行为倾斜（表 2-7）。这是在分析人因失误时需要重点考虑的行为形成因子之一——应激因子。

表 2-7　紧急状态下人的行为

	信息输入	信息处理	信息输出
行为特征	注意力集中于一点	信息综合能力质量减退	实施习惯动作
	无视，遗忘正常信息	提取信息能力低下	操作定位不良
	信息获取能力低下	与记忆信息对照能力低下	操作连续性、灵活性低
	歪曲感知到的信息	判断内容检查能力低下	不能协同作业
	知觉能力麻痹	时间裕度过小	多余、过激操作
	知觉对象偏移	理解错误	无目的操作
	惯性思维		操作无反馈
			不能操作

2.5　核电厂人因管理的基本理念和核心内容

（1）基本理念

1）即便是最出色的人也会犯错。人的本性具有不确定性，因此不可能预防所有错误的发生。这一点是由人的本性和某些固有特性决定的。

2）诱发人因失误的因素是可预见、可管理、可预防的。对待人因失误有两种不同的态度：一种是归咎于个人，通过纠正个人的行为、态度来避免事件的发生；另一种是归咎于潜在的组织管理问题。

3）个人行为受到组织管理过程和价值观的影响。个人只有接受和认同组织的价值观，才能有着良好的表现，才能做出符合组织期望的行为和结果。

4）良好的人员工作表现很大程度上依赖管理层、同行以及下属的鼓励和支持。实践表明，肯定和表扬比批评对改善工作人员绩效更为有效。这也是一个相互学习、共同提高的途径。

5）事件可以通过分析犯错的原因和学习经验教训来避免。防止事件的发生通常包括提前预防和事后纠正这两种方式。事后纠正是指从已经发生的事件中，分析原因，吸取经验，避免重发。

6）良好的工作习惯直接影响人员的工作表现。要获得好的表现，每位员工要从小事做起，在工作中规范自己的行为，培养良好的安全作业习惯和意识。良好的习惯在养成后，会内化成一种"自然"力量，员工自然而然地做出良好的工作表现。

（2）核电厂人因管理的核心内容

人因管理的核心内容是要明确人因管理的要义、涉及范围和作用意义。坚持对人因管理工作的正确理解、避免误解和偏见，从而顺利开展人因管理工作。

1）正确的理解包括：

①关注每个人的言行：在核电厂不论是编制程序、操作阀门、召开工前会还是做决定，都影响着电厂和人员的安全。

②减少失误和减少产生失误的薄弱环节：人因管理旨在寻找导致人因失误的薄弱环节，并构筑防御屏障以减少失误。

③改善组织文化：为了提高人员绩效，还需要认真审视组织的文化、环境、期望和流程能否促进工作任务的成功完成。

④相信并追求"零事件"：相信"零事件"、追求"零事件"，否则即便有世界上最好的管理体系，也难以取得一流的业绩。

⑤创造优秀的运营业绩：优秀的电厂运营业绩的表征包括失误少、事件少、机组安全可靠运行。

2）错误的理解包括：

①惩罚和责备：人因管理的目的和工作重点不是纠正某个人的错误行为方式，而是为了找出导致事件发生的深层次原因，避免事件的重发。

②塑造完美无缺的个人：人因管理持有的一条基本理念是"即便是最出色的人也会犯错"，没有任何管理手段或流程可以改变这一点。

③仅是员工个人行为：人因管理不是仅仅涉及一线工作人员，只对员工进行管理，而是要规范整个组织体系中的所有层面、所有人员的各类关于核电厂安全的活动。

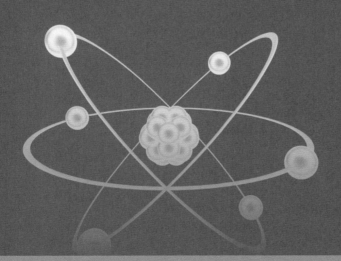

第 3 章

核动力厂人因监管总体情况

本章将介绍我国核动力厂人因运行事件的总体趋势，并与国际组织统计数据和其他行业人因事故比例进行对比，在此基础上，给出我国核动力厂运行值操纵员的人因事件趋势统计分析。此外，本章还将介绍我国核动力厂人因监管方式、文件体系和具体的监管行动。

3.1　人因运行事件总体趋势

1991—2022 年，我国核动力厂共发生 1 031 起运行事件，其中人因失误引起的事件 501 起，占比为 48.6%。

根据 EPRI 的研究，美国核动力厂事件或事故中人因失误的贡献占比达到 40%～80%；WANO 公布的 1993—2002 年核动力厂运行事件统计分析结果表明，核动力厂人因失误事件占比达到 58%。尽管各国和国际机构的运行事件报告准则并不相同，运行事件总数也存在差异，但我国人因运行事件占比总体好于世界平均水平，如图 3-1 所示。另外核动力厂人因事件占比普遍低于其他行业，见表 3-1。

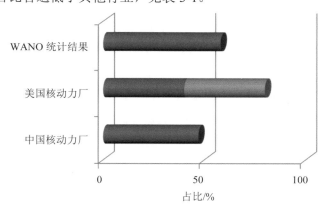

图 3-1　核动力厂人因事件占比

表 3-1　各行业人因事件占比

行业名称	人因事件比例
航空	70%～80%（中国，2002 年）
道路交通	90%（世界平均水平）
石油化工	60%（日本，1991 年）
矿山	85%（中国，1996 年）
钢铁冶金	90%（中国，1996 年）

从我国核动力厂人因运行事件趋势（图 3-2）可以看出，我国核动力厂运行事件数量呈波浪式下降趋势，人因运行事件趋势相同。运行事件数量和人因运行事件数量处于波峰的三年是 1993 年、2002 年和 2016 年，这 3 年都有较多的新机组投运。

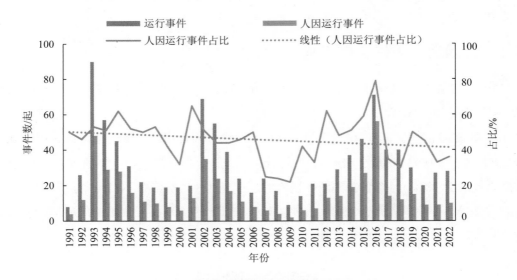

图 3-2　我国核动力厂人因运行事件趋势

对 1991—2017 年的主控室操纵员人因运行事件进行统计，其趋势与我国人因运行事件总体趋势一致（图 3-3），每堆年的操纵员人因事件数量呈下降趋势（图 3-4）。

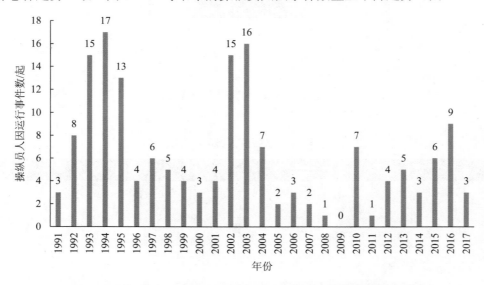

图 3-3　我国运行核动力厂历年发生的操纵员人因运行事件数据统计

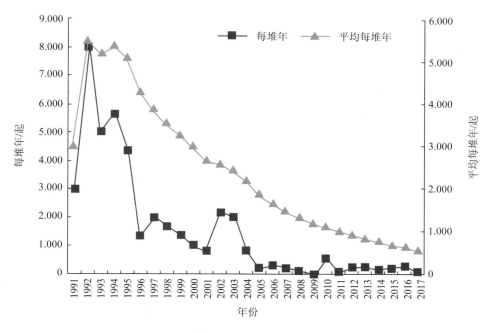

图 3-4　操纵员人因运行事件数量分布

3.2　人因监管

3.2.1　监管方式

目前我国对人因监管所采取的监管方式主要分为设计安全审查和运行安全监管两部分。其中,设计安全审查包括初步安全分析报告(PSAR)和最终安全分析报告(FSAR)的审查,并且逐步完善了相关法规导则。运行安全监管主要包含例行核安全检查、经验反馈信息通告及其核查、人因专项检查、定期安全审查、运行事件审评五个方面。此外,在核电厂设计、建造和修改工作中开展人因工程安全审评,验证核电厂的系统设置是否满足核电厂安全分析报告标准审查大纲(SRP),以及相关法规的要求。核电厂人因工程审评包括:

1)对新建核电厂的人因工程进行审评。审评人员核实核电厂设计过程中是否考虑了被认可的人因工程设计原则,人机接口是否反映了人因工程设计的先进水平。

2)控制室改造的人因工程审评。审评人员对包括人-机接口、人因工程方面主动改造在内的许可证变更申请进行审评。

3）对影响风险重要人员动作的人因工程改造的审评。审评人员对此类改造进行审评以确保其可接受性。也可以对包括人员动作变更在内的核电厂许可证变更和改造进行审查。如果改造影响操作员的职责或者他们执行的任务，而且对电厂安全有潜在影响，就要进行人因工程审评。

对人因工程的审评需要考虑 12 个领域，包括新建核电厂的人因工程管理、运行经验审评、功能需求分析和功能分配、任务分析、人员配备和资质、人员可靠性分析、人与系统接口设计、规程开发、培训大纲开发、验证和确认（包括运行工况取样、设计验证、集成系统确认、人因工程偏差解决）、设计实现、人员效能监测。

3.2.2　监管文件体系

我们采取监管所依据的主要法规导则包括：《核动力厂调试和运行安全规定》（HAF 103—2022）、《核动力厂设计安全规定》（HAF 102—2016）、《核动力厂人因工程设计导则》（HAD 1021/21—2021）以及《核动力厂定期安全审查》（HAD 103/11—2006）中的人因要素部分。

（1）《核动力厂调试和运行安全规定》（HAF 103—2022）

2.1（核动力厂营运单位）总的要求，"2.1.11 营运单位应当确保可能影响安全的所有活动由具备资格且经授权的人员来完成，实施这些活动应当由营运单位批准并进行有效的控制和监管"；2.3 运行经验反馈；3 人员的资格和培训；5.2 运行规程。

（2）《核动力厂设计安全规定》（HAF 102—2016）

5.6 人因"5.6.1 优化运行人员效能的设计"中所涉及的内容：在全设计过程中系统考虑人因；人员配备；运行经验评审、用户参与和需求收集；电厂、设备布置及维修和检查任务；人机接口设计；重要信息显示；可用时间、工况和人员心理压力；支持人员决策；工作场所和环境条件设计；人因工程验证与确认。

（3）《核动力厂人因工程设计导则》（HAD 102/21—2021）

参照 SRP、NUREG0711 等进行人因工程设计与审评。

（4）《核动力厂定期安全审查》（HAD 103/11—2006）

4.2.12 人因"4.2.12.1 目的：该项审查的目的是确定可能影响核动力厂安全运行的各种人因现状"。

3.2.3　监管行动

2015 年起，国家核安全局共组织开展 14 次核动力厂人因相关运行事件的独立调查活动，形成 14 份调查报告，发布 2 份事件调查通报，要求各核电厂对人因相关运行事件开展经验反馈排查，提出了相关监管要求（图 3-5）。

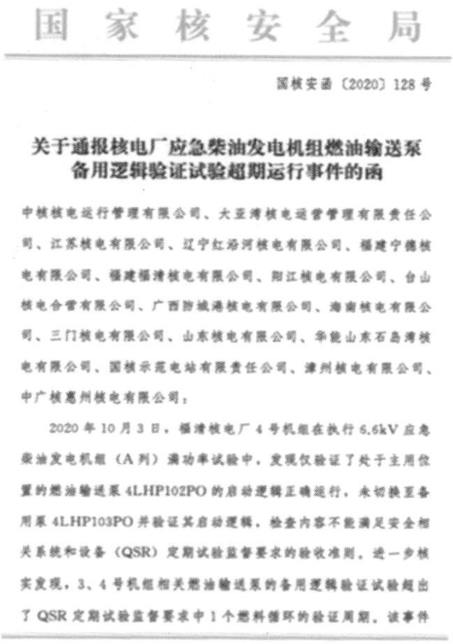

国 家 核 安 全 局

国核安通〔2020〕128 号

**关于通报核电厂应急柴油发电机组燃油输送泵
备用逻辑验证试验超期运行事件的函**

中核核电运行管理有限公司、大亚湾核电运营管理有限责任公司、江苏核电有限公司、辽宁红沿河核电有限公司、福建宁德核电有限公司、福建福清核电有限公司、阳江核电有限公司、台山核电合营有限公司、广西防城港核电有限公司、海南核电有限公司、三门核电有限公司、山东核电有限公司、华能山东石岛湾核电有限公司、国核示范电站有限责任公司、漳州核电有限公司、中广核惠州核电有限公司：

2020 年 10 月 3 日，福清核电厂 4 号机组在执行 6.6kV 应急柴油发电机组（A 列）满功率试验中，发现仅验证了处于主用位置的燃油输送泵 4LHP102PO 的启动逻辑正确运行，未切换至备用泵 4LHP103PO 并验证其启动逻辑。检查内容不能满足安全相关系统和设备（QSR）定期试验监督要求的验收准则，进一步核实发现，3、4 号机组相关燃油输送泵的备用逻辑验证试验超出了 QSR 定期试验监督要求中 1 个燃料循环的验证周期。该事件

图 3-5　国家核安全局人因运行事件调查结果通报举例

2016 年，《关于近期核动力厂人员行为导致运行事件情况的通报》（国核安函〔2016〕122 号）提出了 8 条监管要求。

2017 年起，国家核安全局形成核电厂经验反馈季度例会制度，连续三年召开了以"走错间隔""操纵员人因失误""人为导致第一组 IO"为主题的季度例会，提出监管建议和要求。

2018 年，国家发展改革委、国家能源局、生态环境部和国防科工局联合印发《关于进一步加强核电运行安全管理的指导意见》，其中第四条为"加强核电厂人员行为规范管理"，总体要求为进一步筑牢核电安全的人防屏障，确保正确的人按照正确的方式做正确的事，预防和减少人因失误。

2019 年国家核安全局成立核电厂人因工作组，下设人因工程设计与审评技术组、调

试人因技术组、运行人因技术组、人因可靠性分析技术组（图 3-6），共协调组织召开 12 次线下/线上会议，形成工作组文件十余份，为国家核安全局人因监管工作提供了技术支持。

图 3-6　人因工作组结构与成立大会

第 4 章

典型人因事件案例分析

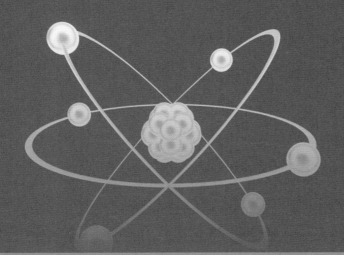

本章将对 8 起我国核动力厂人因失误导致的运行事件进行多维度的分析；介绍三哩岛核事故、日本茨城县东海村 JCO 核原料加工厂临界事故和韩国荣光核电厂 1 号机操纵员误提升控制棒导致辅助给水泵启动并手动停堆事件中反映出的人因问题；给出从典型人因事件分析中得出的初步结论。

4.1　某核电厂 5 号机组人员误碰 1 号蒸汽发生器主给水隔离阀关限位开关导致反应堆自动停堆（人员无授权下现场问题）

4.1.1　事件信息

2023 年 1 月 11 日，某核电厂 5 号机组满功率运行。16 时 10 分，运行现场人员误碰 1 号蒸汽发生器主给水隔离阀（ARE043VL）关限位开关 SM5，使 1 号蒸汽发生器主给水隔离阀关闭，失去主给水触发液位低叠加汽水失配信号，导致反应堆自动停堆。整个事件过程中，机组处于安全状态，三道安全屏障完整，无放射性物质对外释放。

上述事件满足《核动力厂营运单位核安全报告规定》中运行阶段事件报告准则"（六）导致反应堆停堆保护系统和专设安全设施自动或者手动触发的事件"的要求，按照运行阶段事件报告进行报告。营运单位初步按国际核事故分级表（INES）评级为 0 级。

4.1.2　人因相关问题

（1）运行值班前会

运行值班前会上，值长、机组长和隔离经理均强调防人因失误风险，要求新员工不能独自下现场，但未提醒现场误碰风险。

（2）现场巡视

现场主管和一新入职现场学员巡视过程中，现场主管接到主控指令，配合执行另一试验，认为试验会很快完成，便留下学员独自在现场，并告知该学员可以利用这段时间熟悉现场。营运单位管理规定等文件均强调：禁止出现新员工独自下现场的情况。

（3）误碰设备（人员突破防误碰保护屏障）

独自留在现场的学员想尝试通过听声音和看限位开关的方法判断阀门状态，准备对阀门进行观察。因该处光线较暗、位置较低且阀门有防护挡板，现场学员头戴安全帽，将头探入围栏内，手持手电筒，在用手电筒照亮过程中，误碰限位开关，随后意识到可能出现异常，立即撤离该区域，返回主控室汇报值长并告知自己的行为。

电厂根据外基地误碰主蒸汽系统隔离阀导致机组跳堆以及其他核电基地已安装限位开关防护罩的经验反馈，在设备安装阶段已完成限位开关防护罩安装（图 4-1）。

图 4-1　现场防误碰盖板照片

（4）人员授权

现场主管：2019 年入职，2022 年 9 月 30 取得中级现场操作员一级授权；现场学员：2022 年 8 月入职，正在进行二回路水系统在岗培训，未获得独立巡视授权，现场风险意识和技能不足，不清楚限位开关 SM5 的意义及风险。另抽查了其他 2 位新员工，均不清楚误碰 SM5 的风险、关键敏感区域的概念以及关键敏感区域设备的风险和管理要求。

（5）现场警示提示情况

事发现场区域属于关键敏感区域（图 4-2），均画有关键敏感区域红色标识线，且张贴有关键敏感区域警示信息牌。该警示信息牌张贴位置处在人员爬梯的侧面。另外根据访谈，现场学员并不清楚什么是关键敏感区域。

图 4-2　关键敏感区域标识

4.1.3　事件分析

事件分析见表 4-1。

表 4-1　事件分析表

人员	人因失误类型			
现场主管	未将学员带离现场并告知该学员可以利用这段时间熟悉现场——规则型			
现场学员	独自下现场——规则型	不清楚关键敏感区域风险——知识型		误碰限位开关——技能型
失效的防人因失误工具	质疑的工作态度		遵守/使用规程	监护
人因失误陷阱	关键敏感区域指示牌不够醒目		工作环境光线昏暗	
突破的人因屏障	组织屏障：人员授权	管理屏障：违反规定及相关工作要求	实体屏障：限位开关防护罩	个人屏障：安全意识淡薄，人员误碰

1）此次事件中，现场主管作为该现场学员的"师傅"，未将其带离现场并告知该学员可以利用这段时间熟悉现场，是典型的规则型人因失误，违反人员授权相关管理程序。

2）现场操作学员未遵守管理要求，独自下现场学习，属规则型人因失误；其对关键敏感区域概念不清晰、不清楚误碰限位开关风险，仍然独自在关键敏感区域越过保护罩进行查看，属于知识型人因失误；最终不小心误碰限位开关属于技能型人因失误。

3）从防人因屏障分析来看，此次事件突破了全部四道屏障（图 4-3）。组织屏障：人员授权。管理屏障：违反规定及相关工作要求。实体屏障：限位开关防护罩。个人屏障：安全意识淡薄，人员误碰。

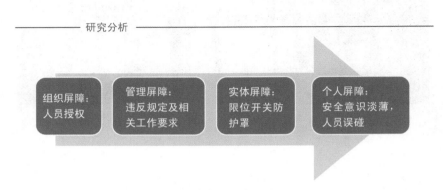

图 4-3　突破屏障示意

4）从失效的防人因失误工具来看，此事件中未使用质疑的工作态度、遵守/使用规程、监护等防人因失误工具。

5）存在工作环境处光线昏暗，关键敏感区域指示牌位置较高、不够醒目等人因失误陷阱。

4.1.4　异常重要度分析

该事件通过功率工况一级 PSA 模型计算，评价"导致一回路温度上升的二回路瞬态"始发事件的影响，计算出的堆芯损坏频率增量（ΔCDF）为 8.462×10^{-8}，小于 1.0×10^{-6}。所以，最终的判定结果为绿色（图 4-4），即事件没有导致机组安全性能重大偏离。

分级准则	重要度等级	颜色	风险大小程度
$\Delta CDF < 1.0 \times 10^{-6}$	绿	绿色	表示安全性能完全满足相关安全基石的目标，电厂性能没有重大偏离
$1.0 \times 10^{-6} \leqslant \Delta CDF < 1.0 \times 10^{-5}$	白	白色	表示安全性能偏离期望的正常范围，安全裕量略有下降，但是满足安全基石的目标
$1.0 \times 10^{-5} \leqslant \Delta CDF < 1.0 \times 10^{-4}$	黄	黄色	表示安全性能下降明显，安全裕量有所下降，安全基石目标满足情况有所下降
$\Delta CDF \geqslant 1.0 \times 10^{-4}$	红	红色	表示安全裕量大幅度降低，连续运行有可能将不能确保公众的健康与安全

图 4-4　异常重要性判定（SDP）等级

4.2　某核电站 5 号机组大修期间 1 号蒸汽发生器低低水位触发反应堆保护停堆信号事件（大修期间任务多、忽视主线工作、操纵员离岗）

4.2.1　事件信息

2023 年 1 月 22 日，某核电站 5 号机组处于余热排出系统（RRA）冷却正常停堆模式，机组正在进行加热上行，所有控制棒处于堆芯底部电气下限位（5 步），蒸汽发生器由电动辅助给水泵供水。7 时 47 分，1 号蒸汽发生器出现液位低低信号，触发了反应堆停堆信号，停堆断路器打开，所有控制棒落至堆芯底部机械支撑位（0 步）。

4.2.2　原因分析

直接原因：此次监视操纵员（ROC）为隔离经理临时担当，其在监视过程中离开监视操纵员岗位至隔离办处理工作，未及时通知其他岗位操纵员，未有效对蒸汽发生器水位进行持续监视与控制。

根本原因：随着机组的加热，蒸汽发生器的蒸发量逐渐加大，液位下降速度逐渐加大，值长和操纵员对此过程的风险认识不足，未能意识到蒸汽发生器手动补水的频次会加大，导致未能及时提醒和关注。

促成原因：运行值其他人员均忙于处理其他一些设备故障排除工作，忽视了蒸汽发生器液位的下降。

4.2.3 异常重要度分析

该运行事件通过停堆工况 SDP 第一阶段评估，因该缺陷未导致停堆情况下始发事件频率增加，评估结果为绿色，即事件没有导致机组安全性能出现重大偏离。

4.2.4 事件分析

事件分析见表 4-2。

表 4-2 事件分析表

人员	人因失误类型		
监视操纵员（ROC）	未经许可离开自己岗位，违反了电厂运行管理程序——规则型		
值长及其他操纵员	监视操纵员、汽机操纵员和值长对于机组加热上行阶段的蒸汽发生器液位下降速度会逐渐加大的风险分析不足，未能及时提醒和关注——知识型		
	值长及其他操纵员未发现监视操纵员离岗，均没有履行 FSAR 第十三章的工作人员职责和授权要求——规则型		
失效的防人因失误工具	三向交流	遵守/使用规程	工作交接
人因失误陷阱	临近交接班	大修、故障处理期间	定值−0.9 m 报警被抑制
突破的人因屏障	组织屏障：人员岗位职责	管理屏障：违反运行管理程序	实体屏障：液位报警忽略及抑制	个人屏障：风险意识淡薄

4.2.5 关注问题

（1）模拟机情景模拟与报警抑制问题

事件中蒸汽发生器低低水位触发反应堆自动停堆，三台蒸汽发生器水位低报警（定值−0.9 m）在 RRA 系统冷却（NS/RRA）模式下被抑制。审评人员通过模拟机进行了蒸汽发生器水位变化情景模拟，并关注了运行人员不了解报警抑制情况的问题。

2023 年 2 月 6 日，审评人员在中心类似堆型模拟机进行了情景模拟，模拟了蒸汽发生器水位降低过程，同时发现中心类似堆型模拟机（参考电厂为宁德核电厂 1 号机组）中蒸汽发生器水位低报警（定值−0.9 m）未被抑制。

针对运行人员不了解报警抑制情况的问题，营运单位在审评问题回答中答复，在运行人员的模拟机培训中未涉及报警抑制相关的培训要求，所以运行人员不了解机组处于 NS/RRA 模式时该报警被抑制。事件发生后，运行部门组织全员对报警抑制相关内容进行学习，并对被抑制的报警进行全面梳理，对不需要被抑制的报警提出释放技改申请，待技改通过后运行部门组织全员培训并修改相关规程。审评人员认为，针对运行人员不了解机组处于 NS/RRA 模式时该报警被抑制问题，营运单位应及时开展运行人员对报警抑制相关内容的学习，并需进一步调查蒸汽发生器−0.9 m 液位报警被抑制的原因。

（2）主控室人员是否满足最小运行值

事发期间，监视操纵员离岗至隔离办处理工作，当时主控室内有值长 1 名、副值长 1 名，堆操 2 名、机操 2 名，现场主管 3 名，现场操纵员 7 名，满足 FSAR 第十六章技术规格书中对最小运行值的要求。

4.3　某核电厂 5 号机组人员误按停堆按钮导致停堆运行事件（操纵员行为规范评价与心理状况跟踪问题、人员违规）

4.3.1　事件信息

2022 年 8 月 18 日 9 时 5 分，某核电厂 5 号机组处于模式 1，核功率 99.5%PN 正常功率运行，操纵员按照计划执行《BUP 和 ECP 盘灯试试验规程》（FQ5-IMC-TPTSL-0001）（以下简称规程），在执行到规程第 26 步"同时按下灯试按钮 5IMC331TO 和 5IMC332TO，核对 5ECP 上所有指示灯均亮"时，误按了紧急控制（ECP）盘上灯试按钮上方的手动停堆按钮 5RPA300TO 和 5RPB300TO，导致反应堆停堆。运行值按照规程控制机组状态，并稳定在模式 3 热停堆工况。

在电厂计算机信息和控制系统（IIC）正常的情况下，操纵员在 IIC 工作站上监视和控制电厂。当 IIC 系统失效时，操纵员通过后备盘（BUP 盘）对电厂进行监视和控制。在紧急情况下，操纵员根据规程使用 ECP 盘上的紧急操作按钮手动停堆或启动专设安全设施。

BUP 和 ECP 盘灯试试验是《QSR 定期试验监督大纲》要求的试验项目，但不是定期试验监督要求执照文件中的试验项目。灯试试验通过试灯按钮检查指示灯的可运行性，该试验每值进行一次，验收准则为指示灯响应正常，按照"三班倒"进行倒班即一天就需要进行 3 次灯试试验。

4.3.2　事件中存在的主要失效

失效 1：当事人（邱某）行为不规范

（1）自唱票、自检执行不到位

对事发期间通过放在主控室的监护记录仪所记录的录像进行回溯发现，当事操纵员本次执行《BUP 和 ECP 盘灯试试验规程》时，在执行规程第 3～10 步"BUP 切换旋钮操作"时，能主动请求副值长进行监护；此后依次执行了 BUP 盘 15 个盘台的灯试试验，并在规程上逐一做了记录，共用时约 10 s，在完成 BUP 盘灯试后，从 BUP 盘最右端走到 ECP 盘前，没有停下进行核对与思考，直接去操作了停堆按钮，用一只手的两根手指同时打开两个停堆按钮的保护罩，并同时按下两个停堆按钮，整个过程没有按照规程核对操作对象。

《BUP 和 ECP 盘灯试试验规程》使用级别为"逐步执行"，根据防人因失误工具使用管理程序，执行第 26 步灯试操作时应核对操作对象，做好"明星自检"，未要求"监护"（经营运单位调研同行电厂工作实践，此类操作均未要求监护）。

综上可知，邱某未严格使用自唱票、明星自检等防人因失误工具，导致误按停堆按钮。

（2）执行规程时进度跟踪执行不规范

回溯监护记录仪事发录像，以及事发时邱某所使用的灯试试验规程记录发现，当事人邱某在完成 BUP 盘的最后一个灯试试验时未对最后要执行的 ECP 盘灯试试验规程上的"同时按下灯试按钮 5IMC331TO 和 5IMC332TO，核对 5ECP 上所有指示灯均亮"这一步骤画圈。按照使用遵守规程工具进度跟踪（place keeping）规范要求，阅读指令后应在标记处画圈，操作执行结束后画杠，当事人邱某应当在走到 ECP 盘位置阅读指令后在标记位置画圈，实际上未阅读规程指令并进行标记，直接动手操作，突破了进度跟踪行为规范要求。

（3）与班组其他操纵员的沟通交流不充分

对当事人邱某进行访谈，话题包括班前会是如何召开的，是否提及本试验的相关风险及应对措施。邱某回答："当天 7 点半左右交接班后召开班前会，灯试试验属于日常需要执行的作业，没有在班前会上讨论。由于是日常定期执行的试验，不需要召开专门的工前会。班前会是所有岗位的人员都参加，对机组状态的变化进行讨论，由于我的岗位是 ROC，没有具体负责的系统，因此我当时没有发言。"

此外，经当值其他人员反映以及当事人邱某本人也承认，其说话声音较小，在进行自唱票或三向交流期间声音很小，与其他人沟通交流不畅。

经专家组与运行三处处长访谈了解到："当事人员原来是干现操的，有过一次主控操纵员选拔失败的经历，在第二次选拔中通过，当事人的性格也比较内向，不怎么说话，在模拟机上也发现其行为存在不规范情况，所以对其关注程度比较高，另外值长和副值长也反馈其能力较弱。"

专家组还在主控室现场观摩了另一班值的班前会，发现 ROC 人员在召开班前会期间一直在进行监盘，全程未参加到班前会中，没有和班值其他人员进行过交流。

综上可知，由于 ROC 岗位本身职责及邱某个人性格等方面原因，其与班值其他人员的沟通交流不充分。

失效 2：风险分析不足

（1）营运单位未提早识别出 ECP 盘上存在误碰停堆按钮的风险

营运单位未能提早识别出在进行灯试试验期间，可能会存在误碰停堆按钮的风险。

从图 4-5 中可以看出，停堆按钮就在灯试按钮上方约 3cm 位置，尽管设置了保护罩，但保护罩无回紧力且非铰链式，仍存在一定的误碰风险。在对灯试试验规程进行设置监护操作时，并未将在 ECP 盘上进行灯试按钮操作纳入监护范围。在规程中、班前会以及相关培训或日常工作交流中也未曾将此风险点识别出来，且未采取口头提醒、标识提醒等有效的应对措施。

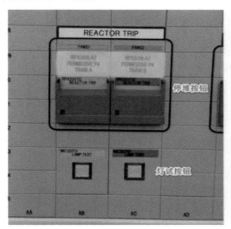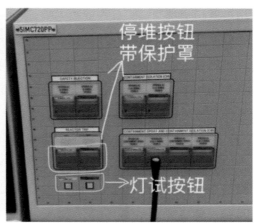

图 4-5　ECP 盘上灯试按钮和停堆按钮的布置

（2）未识别出 ROC 长期执行灯试试验可能会增加发生技能型人因失误的风险

"华龙一号"机组按照《BUP 和 ECP 盘灯试试验规程》每值执行一次，当日早班值长安排当事操纵员执行该试验，且当事操纵员已多次执行过该任务（经查阅历史规程执行记录，从 2022 年 5 月 6 日至 8 月 17 日，当事操纵员已执行该规程任务 42 次）。且长期处于 ECP 盘操作无监护、班前会无提醒、规程无提醒的状态，班值未能识别出其可能增加发生技能型人因失误的风险。

失效 3：人员行为纠偏不到位

（1）未及时通过监护记录仪发现当事人长期存在的行为偏差并予以纠正

经事后查阅近期主控室视频监控记录，共查找到近期执行 ECP 盘灯试操作 5 次，具体如下：

查阅 2022 年当事操纵员近期 5 次执行《BUP 和 ECP 盘灯试试验规程》的视频记录，在执行 BUP 盘灯试操作时，能够做到"明星自检"，但在执行 ECP 盘灯试操作时，其中 1 次（8 月 11 日）有较好的"明星自检"动作：暂停、阅读规程、确认对象、唱票、操作、确认响应；另外 4 次（7 月 24 日、8 月 8 日、8 月 14 日、8 月 17 日）未规范执行"明星自检"。

同时，经与运行三处处长进行访谈得知，运行记录仪本身就是对现场运行人员行为的一种督促，考虑到时长、人员数量，只能抽取其中一部分进行检查。抽查的视频中没有抽到以前行为表现不是很规范的员工。当事 ROC 已从事灯试试验 42 次，从事活动次数比较多。

由于监护记录仪的录像自动覆盖周期为一周，因此无法查看当事人邱某之前的行为记录，但依据近 5 次操作有 4 次均未规范执行"明星自检"等防人因失误工具，因此可以合理推断其之前可能存在多次行为不规范问题。而当班值及运行处对监护记录仪中记录的行为不规范现象没有及时回溯，未能及时发现问题并整改，致使邱某的行为不规范问题长期未能得到及时纠正。

（2）针对模拟机培训中发现的当事人行为偏差所制定的整改措施未形成闭环管理

专家组对模拟机培训相关负责人与当值值长进行了访谈，了解到 2022 年上半年当事操纵员在行为规范"黑榜"中出现 3 次（5 月 24 日 MR-1 复训、6 月 1 日 MR-2 复训、6 月 21 日 MR-4 复训），相对频次偏高，但未导致较大失误和重大失误后果出现，模拟机复训综合成绩合格。6 月 24 日，针对行为规范偏差当值值长对该操纵员进行了模拟机强化培训。截至 8 月 16 日，当事操纵员参加 2022 年下半年模拟机复训 2 次，未再进入行为规范黑榜。

在模拟机初训、大考、复训里都会有对防人因失误工具的考核点，人员行为规范也在模拟机教员的考核内容内，会对操纵员在培训过程中展现出的行为偏差进行记录，然后发送给相关的人员。颗粒度可以到工具具体的使用细则条目里，如唱票不完整等。

6 月 24 日对该运行值开展了 CPE（模拟机复训绩效评估与评价评估），形成评价报告（包含知识、技能和行为规范），将 CPE 期间观察到的全部事实发送给当值值长并与其确认，CPE 完成后当值值长对该操纵员进行了模拟机强化培训。针对 CPE 改进行动，该运行值长组织团队采取相应的纠正行动，培训处 9 月 2 日收集纠正行动进展记录。

因此，从 6 月 24 日至要求的 9 月 2 日收集纠正行动进展记录，这期间发生了本事件。6 月培训部就已经将邱某行为不规范的问题反馈给了当班值，当值值长也对邱某进行了强化复训，但实际结果与纠正行动有效性没有得到及时验证与反馈，对当事人行为偏差所制定的整改措施未形成闭环管理。

4.3.3　关注的其他问题

关注点 1：灯试试验频度问题

根据《BUP 和 ECP 盘灯试试验规程》，ECP 盘的灯试试验频度为每值一次，即一天三次。而我国 M310 及其改进型机组的灯试试验频度为一周一次（参考宁德核电厂《BUP 和 ECP 盘灯试试验》）。相比较而言，"华龙一号"的灯试试验频度过高，频繁执行试验导致操纵员容易产生麻痹大意、疏忽的心理，从而增加了 ECP 盘上产生误碰等技能型人因失误的风险。

此外，NUREG0700 第 3 章规定：报警灯失效平均时间间隔小于 100 000 h，需执行灯试试验。因此，如果报警灯的失效频率较低，灯试试验的频度是可以进行调整的。电厂可结合实际设备可靠性（如询问报警灯厂家该报警灯的出厂试验失效频率）调整灯试试验频率。

关注点 2：人因工程设计相关问题（ECP 盘）

（1）ECP 盘现场实际布置与 FSAR 第 18 章不一致

1）防误碰保护罩不一致

经查询当前生效的该电厂 FSAR（B 版）第 18 章　紧急操作台盘面布置图 F-18.7-4 如图 4-6 所示。

从图 4-6 中可以看出，ECP 盘上的各个按钮包括停堆按钮其保护罩为左右开关的带有回紧力的圆形保护罩，符合 NB/T 20059 的 5.1.8 a 条"铰链式保护罩"的相关要求。而现场主控室的实际配置如图 4-7 和图 4-8 所示。

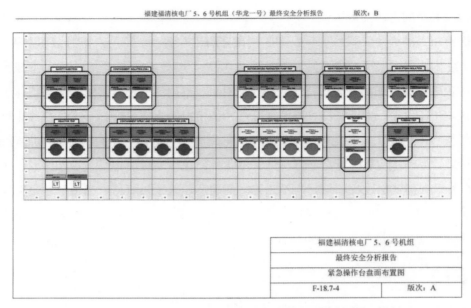

图 4-6　FSAR（B 版）第 18 章紧急操作台盘面布置图 F-18.7-4

图 4-7　主控室 ECP 盘面实际布置

（禁止误操作黄色标识为事后张贴）

图 4-8　远程停堆站布置

（保护罩打开状态）

从图 4-7 和图 4-8 中可以看出，现场实际的防误碰保护罩为上下开启、非铰链式、靠重力关闭的保护罩，这与 FSAR 报告中不一致。

2）停堆按钮与灯试按钮间距不一致

从图 4-9 和图 4-10 可以看出，ECP 盘台中停堆按钮和灯试按钮在 FSAR 中给出的示意图与现场实际布置的间距是不一致的。

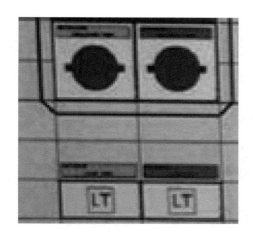

图 4-9　FSAR 中为 2 个马赛克间距

图 4-10　现场实际的间距为 1.5 个马赛克

经专家现场测量，主控室现场停堆按钮和灯试按钮的实际距离为 3～4 cm，较 FSAR 的间距向上挪了半个马赛克（约 1.5 cm），这就导致了其主控室现场的实际间距不满足 NUREG-0700 第 11 章表 11.3 给出的矩阵式布置的按钮之间间距不得小于 2 in 即 50.8 mm 的要求。

3）灯试按钮上无"LT"标识

从图 4-10 中可以看出，主控室现场的灯试按钮上没有与 FSAR 第 18 章给出的 ECP 盘台示意图保持一致，即按钮上无"LT"标识。这在一定程度上增加了混淆的可能性。

（2）"华龙一号"的 ECP 盘的布置设计可进一步优化

1）停堆按钮与灯试按钮类型应予以区分

"华龙一号"机组 ECP 盘的停堆按钮、安注按钮等重要安全系统按钮与其灯试按钮均为可以单手操作、两根手指同时按下的按压式按钮，1 个按钮按下即可触发停堆或安全系统动作，但为保证动作可靠，从模拟机培训到实际的运行规程都要求同时按下两个按钮。而专家组通过多种渠道了解到我国其他机组的 ECP 盘上按钮设置多为旋转式的旋钮，这样就需要双手进行同时旋转 2 个旋钮进行操作，增加了操作的复杂性，进而可以间接提升操纵员对此步骤的注意力。此外，在"华龙一号"机组的远程停堆站 ECP 盘台上，只有灯试按钮和停堆按钮为按压式，且停堆按钮也有保护罩，其他安全系统按钮均为钥匙旋转开启式，这就在一定程度上进行了区分，避免混淆。

我国部分机组 ECP 盘实际布置如图 4-11～图 4-15 所示。

图 4-11　中核福清"华龙一号"主控室 ECP 盘

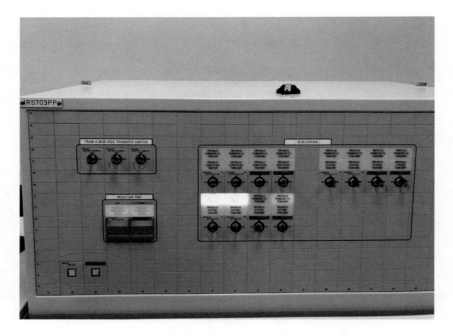

图 4-12　中核福清"华龙一号"远程停堆工作室 ECP 盘

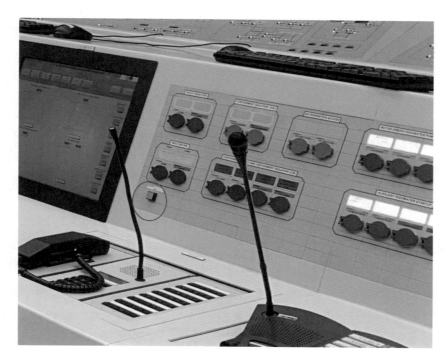

图 4-13　中核方家山 ECP 盘

图 4-14　广核宁德 ECP 盘

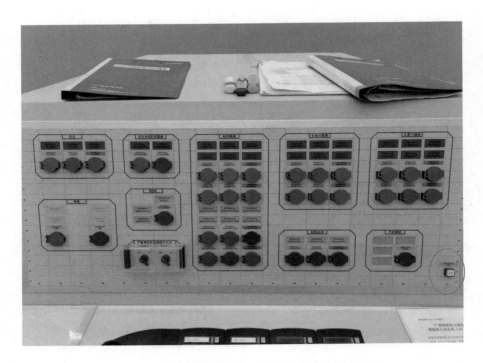

图 4-15 广核防城港 3#"华龙一号"ECP 盘

2）停堆按钮与灯试按钮位置应当错开

从"华龙一号"机组的远程停堆站操作盘台布置可以看出，其灯试按钮与停堆按钮在纵向上错开布置，但在主控室的 ECP 盘台上却未错开布置。广核防城港 3#"华龙一号"ECP 盘的灯试按钮只有一个，在盘台的最右下角，且在按钮上标注有"LT"标识。宁德核电厂的 ECP 盘台布置相对而言更加合理，其将控制按钮与灯试按钮在布置上进行了位置分区，控制按钮全部在上方纵向位置布置，且用整体的透明保护盖板进行了覆盖，同时张贴了"ECP 盘操作必须监护""打开此盖板必须值长同意"的警示标识。这样从很大程度上避免了误操作的可能。后续的"华龙一号"机组在设计上可以考虑进行设计改进。

3）按钮保护罩应当采用带有回紧力的铰链式保护罩

根据操纵员访谈反馈，当事操纵员在事发前受前天模拟机复训中 ECP 盘按钮保护盖板未合上的问题干扰而没有集中注意力，导致其直接打开停堆按钮保护罩并按下停堆按钮，结合其他电厂的设计，若能从设计上尽可能消除保护罩闭合问题的干扰，可进一步减少操纵员误按按钮的可能性。

同时，按照《核电厂控制室操纵员控制器》（NB/T 20059—2012）5.1.8 防止控制器误操作的措施：对核电厂状态有直接和重大影响的设备，例如用于停堆、停机或保护闭锁等的设备，宜布置在控制台台面的上部以减少误操作的危险。除非其位置可防止误操作，否则对核电厂运行有重大影响的控制器，例如重要的阀门控制器或控制棒控制器，宜具有保护罩（带铰链的盖子），需要掀起保护罩才能接近控制器。其他的控制器宜设计成凹陷式、防护式或用格栅围起来的形式。为了减少误操作，对于无防护的按钮宜采用高套筒加以防护。

综上可知，停堆按钮及其他安全系统控制按钮保护罩宜采用带有回紧力的铰链式保护罩，而不是现在的无铰链、靠重力关闭的简易保护罩。

关注点 3：操作规程编写可优化

1）操作步骤 25 和操作步骤 26 之间涉及盘台切换，当前写在同一规程中，可以放在两个表格中，并在 26 步表格执行前增加粗体注意提示：**该按钮附近有停堆按钮，操作时需注意！！！**

2）根据观察，操纵员执行规程容易忽略前几章的内容，而直接翻到规程用例章节，建议规程中的风险提示放置在相应步骤执行处，更容易引起操纵员注意。例如规程中 0.9.3（风险分析与预防措施）中的内容："此实验有误将 5IIC 切至 5BUP，导致 4 台 OWP 不可用的风险，实验过程中请务必核实操作对象，做好监护。"

关注点 4：对概率安全评价和人员可靠性分析的影响

《应用于核电厂的人员可靠性分析手册》（NUREG/CR-1278）是当前国内外开展人员可靠性定量分析（HRA）的重要依据，其数据表 13-3 显示对于布置在不同盘台的控制器（如宁德核电 ECP 盘台）误操作概率可忽略，在同一盘台上非阵列的错位排布也可以降低选错按钮概率（如广核防城港 3#机组 ECP 盘、福清华龙一号远程停堆工作室 ECP 盘）。从概率安全评价（PSA）中人员可靠性分析的角度看，福清 5#ECP 盘台近距离、整齐的阵列布置方式使得操纵员选错按钮的概率更大。另外，电厂运行管理中存在的一些薄弱环节，也会增加操纵员选错按钮、引起停堆事件（PSA 中涉及的 B 类人误事件）发生的概率。若采用更具区分度的盘面布置、进一步完善相关规程、加强操纵员培训、提升人员行为管控监督，可降低人员失误概率，进而降低 PSA 中两个重要指标——核电厂堆芯损伤频率和放射性释放频率，提高核电厂安全性。

关注点 5：对 ROC 岗位的工作重视度不足

"华龙一号"机组与其他堆型不同，除在主控室设有堆操和机操外，还有一名第三操纵员即 ROC。专家组对运行三处处长进行访谈了解到，"根据运行三处实际情况，目前安排 ROC 从事一些日常的定期试验、抄表等辅助、协助工作，所以对 ROC 的工作行为关注度不够，重点还是放在关键重要的操作上，缺乏对 ROC 的管理。在异常事故情况下，按照规程职责，一些连续监督、连续监视等操作由 ROC 负责；正常运行情况下，不负责监管系统，负责监视报警、异常、巡视参数等，工作负担比较轻，所以会有一些临时性的工作安排给 ROC"。

ROC 日常工作中仅从事一些辅助性、临时性的工作，对于如何保证其在事故工况下可以正常履行职责，"一方面是靠在模拟机上的练习以及岗位轮换，如堆操（ROA）、机操（ROB）岗位之间的轮换。考虑到 ROA、ROB、ROC 技能水平的偏差，岗位轮换可能会从 ROA、ROB 之间轮换，不能从 ROC 开始轮换，这个目前还在探讨过程中"。

此外，前面介绍过，专家组对主控室当班值的班前会进行观摩发现，ROC 全程处于监盘工作，没有参与到班前会的发言与讨论中，相对而言游离于整个班值之外，应当进行改进，加强对 ROC 岗位的重视与管理。

关注点 6：对操纵员心理及身体状况的有效评估手段欠缺

专家组对当事人邱某进行访谈了解到，邱某本人事发前一周家里出现较大变故，邱某自述如下："事发前个人休息情况还好，家中有人身体出现状况，心中比较担忧；执行灯试工作没有工作时间的压力；在前面两本试验规程执行完成后，由于参数抄得比较多，稍微有点疲劳。"而邱某家里的情况运行三处领导及当班值人员也都有所了解。访谈运行三处处长了解到："这个事情我是知道的，他家里人生病比较严重，平时消耗精力比较多，休息不太好。倒班是正常倒班，在 2 个月小修期间，现场操作比较多，ROC 也协助执行了很多操作，值长反馈在一些需要操作的工作上表现还是比较规范的。"

综上可知，尽管当班值及领导和同事都清楚邱某家里有些情况，但由于工作等多方面压力，其本人没有处于较好的工作状态，对操纵员心理及身体状况的有效评估手段欠缺。尽管我国对操纵员取照前的各项考核中包括了心理方面的评估，但在实际工作后，营运单位缺乏相关手段对操纵员的身体、心理的适应性进行有效跟踪与评估。

关注点 7：工作负荷较大对人员工作状态造成影响

据访谈了解到，涉事机组事发当年共进行了 5 次临停小修，5、6 号机组同时大修和临界，整个运行处操纵员的工作一直处于高强度、高负荷的状态。而且对于 5、6 号为新机组、新技术，值内没有高级操纵员，人员经验和知识技能并不丰富。我国核电机组目前都趋向于尽可能地缩短大修工期，从而加大了人员工作压力，间接导致操纵员的工作状态下降、注意力不集中、不严格执行规程、跳步等现象的发生。通过回溯录像可见，当事人邱某在 BUP 盘进行灯试试验仅用时约 10 s，完全没有对设备编码、工作规程进行自唱票的核对。

因此，应当合理安排大修工期、人员配置与工作任务安排，保证操纵员的休息时长，使其身体和心理处于良好的工作状态。

4.3.4　原因分析

综上所述，调查组认为导致本次事件发生的原因如下：

直接原因：操纵员在执行 ECP 盘灯试试验时人因失误，误按停堆按钮导致停堆。（与运行事件报告的直接原因一致）

根本原因：

1）对运行人员行为规范偏差整改的有效性未建立长效评价机制。（与运行事件报告的直接原因一致，对应失效点 3）

2）风险分析不足，未识别出 ECP 盘上存在误碰停堆按钮的风险，未意识到 ROC 长期执行灯试试验、抄参数等非重要、重复性操作可能会导致人员出现麻痹大意心理从而增加了发生技能型人因失误的风险。（对应失效点 2）

促成原因：

1）灯试试验频度为每值一次，过于频繁，增加了发生误碰等技能型人因失误的风险。（对应关注点 1）

2）主控室 ECP 盘实际布置与 FSAR 第 18 章人因工程不一致，保护罩、按钮布置间距等多处存在人因失误陷阱。（对应关注点 2）

3）操作规程不完善，防人因失误工具、风险提示等信息没有落实在具体执行步骤中。（对应关注点 3）

4）对 ROC 岗位的工作重视度不足，ROC 游离于当班值的管理之外。（对应关注点 5）

5）对操纵员心理及身体状况的有效评估手段欠缺。（对应关注点 6）

6）运行人员长期处于高强度、高负荷的工作之中。（对应关注点 7）

4.3.5　监管建议

1）营运单位应当查找主控室 ECP 盘现场实际布置与 FSAR 第 18 章不一致的原因，采取纠正行动。

2）营运单位应考虑借鉴其他核电厂的 ECP 盘台布置与防误碰设计，采取技术改进。

3）营运单位应询问报警指示灯生产厂家、设计院关于报警灯的失效频率，参考其他核电厂灯试试验频度进行调整。

4）营运单位应进一步完善规程，涉及盘台操作切换的步骤可放在两个表格内，对于注意事项与防人因失误工具等风险提示可放在具体执行步骤当中。

5）营运单位应进一步强化人员行为规范管控，切实践行运行人员行为监督及观察指导。

6）该事件充分说明长期、始终如一地坚持行为规范的难度和重要性，营运单位应当研究如何来保持严格执行行为规范的自觉性。

7）我国"华龙一号"机组应进一步加强对 ROC 岗位的培训、管理与监督指导。

8）应将此次事件中暴露出的 ECP 盘台布置、人机接口设计存在的不足和可改进点经验反馈至后续新建项目中。

9）营运单位应当加强对操纵员身体、心理适应性的监测、跟踪与评价，可参考纳入保健物理相关处室的日常工作范围。

10）营运单位应当合理安排双机组大修工期及人员配置，不以缩短大修工期为目标，保证操纵员良好的工作状态。

11）进一步利用好监护记录仪这一良好实践，对发现的人员行为不规范问题进行有效跟踪、纠正与有效性评价，可考虑让模拟机培训部门专业人员对录像中发现的问题进行回溯、整理并提出改进建议。

12）对于 PSA/HRA 方面，国内核电厂对于 B 类人因失误事件（引发始发事件的人员失误）分析中，通常认为设有保护罩的按钮误碰事件是不可能发生的，但从此次事件中可以看出，此类事件还是真实发生了，因此在 PSA/HRA 分析中应当重新予以分析考虑。

4.4　某核电厂 2 号机组安全壳外非能动安全壳冷却水箱出口隔离阀 A 误开启事件（人机界面设计存在人因陷阱）

4.4.1　事件信息

2020 年 3 月 6 日，某核电厂 2 号机组处于热备用状态，现场操作人员执行非硼化水源隔离，因对电气盘柜标识理解错误，将纵向标识理解为横向标识，误操作与其相邻的非能动安全壳冷却系统水箱出口气动隔离阀 A 电磁阀直流电源刀闸，导致系统动作。2019 年年初 1 号机组已识别该人因陷阱，并进行整改，每个分电屏两列中间张贴了黄色分界线标识。2 号机组也识别出同样人因陷阱，但未及时进行整改。基地内经验反馈不到位。此外，非硼化水源隔离检查单中电气开关缺失间隔号。

事件发生期间 PCCWST（非能动安全壳冷却水储存箱）约 1.7 m³ 无放射性的除盐水沿着安全壳外壁流到雨水收集槽，未对机组、环境产生直接影响。PCCWST 液位从95.445%降至 95.029%，满足技术规格书 46.66%的要求。

4.4.2　事件中存在的主要失效

失效点一：工前会使用不规范

根据《运行工前会管理》，对于"不常执行的操作"应至少选用标准工前会。2-RCS-STP-823（非硼化水源隔离检查单）一般在机组大修时全停主泵之前执行，属于"不常执行的操作"，本次工作仅召开简短工前会，不满足管理程序规定，风险分析不充分。

失效点二：质疑的工作态度使用失效

现场操作人员发现规程 2-RCS-STP-823 中电气开关缺失间隔号，于是通过生产信息系统进行查找，但由于括号的全角/半角输入错误，未查找到电气开关的间隔号。经访谈现场操作人员，规程 2-RCS-STP-823 涉及的电气开关备注了房间号，现场操作人员经常去此房间进行巡检，熟悉此房间内 IDS 直流屏位置，所以准备去现场再核实间隔，没有将疑问完全解决便开始了后续工作。

失效点三：自检和同行检查使用失效

现场电气盘柜开关与标牌大多是左右对应，造成了现场操作人员有一定思维定式。现场操作人员在核对设备编码和名称后直接指向右侧间隔号"18"和对应的电气开关，经监护人认可后执行了错误的操作（图 4-16）。在执行自检"停""思""行""审"过程中，现场操作人员未"停下来"核实规程审查期间提出的疑问，也未"停下来"对现场标牌对应两个间隔号进行"思考"和质疑。监护人员作为一道独立屏障同样未有效使用自检工具，且工作执行中一直与主控室操纵员电话联系，未关注规程中电气开关缺失间隔号以及现场位置标示存在的陷阱，注意力不集中，同行检查失效。

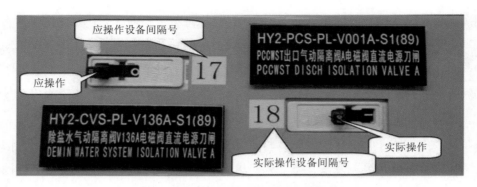

图 4-16　电气盘柜开关与设备标牌

失效点四：运行规程编写存在偏差

《运行规程编写导则》规定"步骤中涉及电气开关的操作，需要标明开关对应的间隔号"。本次执行的规程 2-RCS-STP-823 中，电气开关缺失间隔号（图 4-17）。

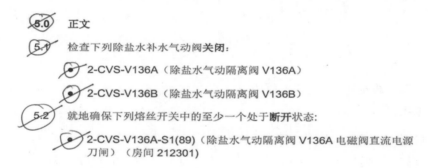

图 4-17　规程照片

失效点五：设备标牌制作和安装存在人因陷阱

《设备标牌管理》规定"电气的设备标牌除了承担指认设备的任务外，还有一个重要的作用就是防止误入间隔"，电气标牌负责人在标牌制作和安装时未关注防止误入间隔要求。本事件中涉及的两个电气开关 2-PCS-V001A-S1（89）和 2-CVS-V136A-S1（89），根据现场设备标识情况，对于设备标牌"2-CVS-V136A-S1（89）（除盐水气动阀 V136A 电磁阀直流刀闸）"，无法辨识其与上部间隔号"17"还是与右侧间隔号"18"相对应，且现场电气盘柜的开关和标牌大多是左右对应关系，类似 1E 级直流和不间断电源系统（IDS）直流盘电气开关与标牌上下对应情况比较少见，导致现场操作人员存在思维定式而操作失误。

失效点六：人因陷阱处理存在偏差

针对 IDS 直流分电屏负荷开关存在人因陷阱的问题，2019 年年初 1 号机现场操作人员发起状态报告。运行电气专工接到状态报告后，现场确认存在人因陷阱，在 1 号机每个分电屏两列中间张贴了黄色分界线标识（图 4-18），申请关闭了该状态报告，其间审核关闭人员未识别出 2 号机存在同样人因陷阱。

1 号机设备标识　　　　　　　　　　2 号机设备标识

图 4-18　事发前 1、2 号机组电气盘柜标牌对比

根据访谈，电气专工意识到此人因陷阱可能导致误入间隔，但未对 2 号机进行核实和纠正；对于单台机组偏差填报的状态报告，未明确责任人识别两台机组是否有共性问题并进行处理，运行管理存在不足。

4.4.3　原因分析

直接原因：现场操作人员因对电气盘柜标识理解错误，将纵向标识理解为横向标识，导致走错间隔而操作失误。

根本原因：

1）运行规程中缺乏电气开关间隔信息；

2）现场标识标牌管理不规范，产生人因陷阱。

促成原因：防人因失误工具使用失效，未有效使用工前会、质疑的工作态度、自检和同行检查。

事件发生后，调研了同类型机组电气盘柜标牌标识管理，对于存在误入间隔风险的电气盘柜负荷开关，采取了分开布置间隔号、缩小标牌尺寸、贴近设备进行标识防误碰和误操作措施，减小了误入间隔风险。

4.5　某核电厂1号机组电机电源线接反导致电气厂房通风系统风机不可用时间超过技术规范要求（维修规程存在缺陷、人员技能不足、未监护）

4.5.1　事件信息

2021年7月13日，某核电厂1号机组处于功率运行模式，运行人员巡查发现电气厂房主通风系统B列房间通风不足，检查人员检查确认该系统排风机D1DVL204ZV反转（该排风机为离心式风机，反转风向与正转相同，反转风量约为正转风量的1/4），随后对风机的电源线进行检修，相关的W403房间通风恢复正常。

营运单位查阅检修记录发现，电厂在2020年11月23日曾更换D1DVL204ZV电机，维修中对新旧两台电机的相序和接线方式进行了记录，确保其转向一致，因此推测电源线接反造成风机反转的现象已长期存在。查阅排风机功能鉴定试验记录，除电厂系统调试时开展了风量测量，确认系统排风机功能正常外，均未开展电气厂房主通风系统B列排风机风量功能再鉴定试验，因此无法确切判断排风机电源线接反的起始时间。

鉴于D1DVL204ZV反转导致风机不可用时间超过了运行技术规范要求的14天检修期限，根据《核动力厂营运单位核安全报告规定》第二十二条"（三）违反核动力厂运行限值和条件规定的操作或者状况"，本事件界定为运行事件。

1号机组电气厂房主通风系统B列排风机长期反转，导致该列电气厂房通风风量低于系统设计手册要求。排风机相关的W403房间温度主要依靠送风机输送冷风进行冷却，排风机反转期间房间温度开关未触发报警，房间温度满足系统设计手册要求，因此本次事件未对相关房间仪控系统功能造成不利影响。

4.5.2　主要失效

失效点1：风机检修部分存在维修工作包封面信息与实际不一致、工作描述不完善、风机转向判断方法不明确等问题

2020年11月20日，中核检修有限公司乔某某作为工作负责人开始D1DVL204ZV风机机械年检工作，工作包为机械年检及润滑，设备质量安全等级QSR。三份维修规程为《圆锥形滚动轴承的安装通用程序》《TURBOLINE POR40型风机（DVL）的每2000

小时润滑》《TURBOLINE、POTOLINE 和 TRANSPORT 型风机的年度检查清扫》。

2020 年 11 月 20 日，中核检修有限公司乔某某作为配合票的工作负责人，配合电气专业拆装电机以及转向确认。工作票为电气解体电机配合拆装。工序描述包括"配合电气执行再鉴定，检查风机转向是否与壳体上指示一致，如有异常及时反馈"。

调查人员通过访谈和文件检查，发现以下问题：

1）维修工作包部分封面信息错误：是否有 QC 点为 N（包含了 1 个 H 点和 1 个 W 点，实际应为 Y）；工作负责人（填写为李某某，实际为乔某某）。

2）工作包的工作描述中列举了维修所涉及的轴承、润滑油、清扫等相关工作，工作包也包含了相应规程，但未描述上述工作之间的逻辑、先后关系。

3）机械配合票中包含了确认风机转向的工作内容，但对于如何确认检查风机转向是否与壳体上指示一致没有明确的判断方法。

调查人员认为：营运单位在风机维修工作中存在维修工作包封面信息与实际不一致、工作描述不完善、风机转向判断方法不明确等问题。其中风机转向判断方法不明确是造成机械人员风机转向判断错误的主要原因。

失效点 2：再鉴定未能发现风机反转缺陷

核安全相关的重要设备维修后的再鉴定，应依据管理程序《日常生产重要设备再鉴定管理》进行判定该项工作是否要进行品质再鉴定并触发再鉴定流程，准备《日常生产重要设备再鉴定跟踪单》。运行人员在审查工作包时会复核该工作包是否依据再鉴定管理程序提交了再鉴定跟踪单，功能再鉴定方式方法的选择则需要依据具体检修内容决定，并在再鉴定跟踪单相应栏中填写功能再鉴定的方法和依据的程序（定期试验或者运行程序等）。

调查人员通过访谈和文件检查，发现以下问题：

1）试验数据的测量和记录存在不足：①程序缺少维修后品质再鉴定的记录表格，如风机转向的测量记录表；②维修后品质再鉴定没有规定记录的数据要进行工作组成员的相互监护、验证并签字确认。

2）《日常生产重要设备再鉴定管理》中规定了"对于核安全相关的 QSR 设备必须由运行部门负责，通过定期试验或运行程序在设备的启动阶段进行功能再鉴定"，但本次事件的设备不在该程序的"风机类设备再鉴定清单"内，导致维修准备人未发起设备再鉴定跟踪单。

3）《日常生产重要设备再鉴定管理》适用范围为机组日常生产期间的重要设备再鉴

定，其附录 2 至附录 12 指定了各类设备再鉴定清单，与其 4.1 再鉴定试验的范围"原则上每一台设备维修或改造后，只要维修或活动对其可运行性、性能和功能产生过影响，都需要进行再鉴定试验""对于核安全相关的（QSR）设备必须由运行部门负责通过定期试验或运行程序在设备的启动阶段进行功能再鉴定"的要求存在矛盾。

4）风机维修程序中对于品质再鉴定的规定不充分，没有明确要求"进行风机转向的测量"，也无"针对电机和风机同侧安装情况下，通过电机转向判断风机转向的指令说明"。

调查人员认为：本次维修工作在完成电机更换后需对风机进行品质再鉴定，验证风机的转向是否满足要求。本次事件品质再鉴定过程中，由于风机和电机的布置为同侧，机械工作负责人依据以往直连式水泵和电机的判断方式，错误将电机非驱动端转向当作风机的转向，导致品质再鉴定未能发现风机反转缺陷。对于造成机械工作负责人判断失误的原因，调查人员认为，电站该风机的维修程序没有明确的关于风机转向的品质再鉴定要求，没有相应的记录，也没有关于电机和风机同侧情况下的判断方法。正是缺少相应的判断方法和标准，才使得工作人员判断失误，维修工作环节失效，这对本次事件发生的贡献作用最大，是本次事件的根本原因。

风机检修工作完成后，《日常生产重要设备再鉴定管理》程序风机类设备再鉴定清单遗漏了 D1DVL204ZV，使得本项工作未能实施功能再鉴定对风机的系统功能进行验证，风机反转的问题没有在此环节被验证和识别，助推了本事件的发生，是本次事件的促成因素。

失效点 3：相关房间巡检未能及时发现房间温度升高的原因

调查发现：

1）运行人员在巡检过程中对于温度的记录并未在工作程序中明确要求，询问运行人员为何会关注到温度异常这一现象时，其解释这是现场运行巡查的基本素养，即对温度、湿度、照明等环境因素在巡检时应予以关注。

2）机械、维修等部门在三次对 NG 工作单响应处理中，持有质疑的态度程度不一。第一次，仅核查温度是否符合 SDM 要求，并未深究为何温度会出现差异；第二次和第三次进行了分析与处理，但未能发现风机反向旋转。

3）机械、维修等部门解释由于当时任务量偏大（与其他工作任务相比，该工作单优先级不够），因此在处理第一次 NG 工作单时，核查了温度符合 SDM 要求后就未进行更深的分析。

4）经过访谈并查阅相关记录，调查人员发现，除在 2020 年 11 月 28 日至 2021 年 7 月 2 日，现场运行人员巡查发现温度异常并报告以外，再无其他相关报告。

调查人员认为：在风机反转过程中，现场运行人员曾三次巡查发现 W403 房间温度异常，并提交了 NG 工作单，但是相关部门及人员三次都未进行深入分析以找到温度异常的原因，这是此次事件的促成原因。

4.5.3　原因分析

直接原因：执行电机三年检修再鉴定工作时，工作人员未能识别风机反转，导致电气厂房主通风系统 B 列排风机不可用时间超过运行技术规范要求。

根本原因：营运单位制定的电气厂房风机维修相关程序不完善，没有明确的关于风机转向的再鉴定要求，没有风机转向的再鉴定记录，也没有关于电机和风机同侧情况下转向的判断方法和标准，促使工作人员判断失误，导致维修工作环节失效。

促成因素：

1）风机类设备再鉴定管理程序存在缺陷，《日常生产重要设备再鉴定管理》程序风机类设备再鉴定清单遗漏了核安全相关的 D1DVL204ZV，使得本项工作未能实施功能再鉴定对风机的系统功能进行验证，风机反转的问题没有在此环节被验证和识别。

2）异常的识别或消缺存在管理缺陷，现场运行人员曾三次巡查发现 W403 房间温度异常，并提交了 NG 工作单，但是相关部门及人员三次都未进行深入分析以找到温度异常的原因。

3）工作现场存在多处人因陷阱，电机的非驱动端没有设置转向标识，现场作业的房间空间狭小，没有照明，风机转向标识被皮带遮挡，一定程度上增加了工作人员判断失误风险。

4）工作人员未执行《工作包实施流程》《人因管理大纲》等程序制度中关于监护制度实施的规定。在缺少监护人的情况下，仅有一名工作人员进行转向判断，无法对工作人员错误的判断方法提出质疑。

5）防人因失误工具的使用未有针对性地落实到工作程序、工作票等生产文件中，导致监护、质疑的态度、"明星自检"等防人因失误工具执行不到位。

6）营运单位经验反馈运转有效性不足，事件发生前已发生 5 起风机或泵反转事件，营运单位未能落实有效的纠正措施避免类似事件重发。

4.5.4　监管建议

1）营运单位应当评价和完善维修相关程序，明确再鉴定的判断方法和记录的要求。

2）营运单位应加强维修过程质量控制。

3）营运单位应当对现有异常处理流程进行评估和完善。

4）营运单位应当进一步排查并消除人因陷阱。

5）营运单位应完善防人因失误管理和培训要求，并严格落实。

6）营运单位应加强内外部运行事件的经验反馈工作，定期开展经验反馈体系有效性评价，以提升事件根本原因分析质量和纠正行动有效性。

国家核安全局发文国核安函〔2021〕77 号，要求全国核电厂对此事件开展经验反馈。

4.6　某核电站运行人员误开阀门引起一回路压力下降快导致 1#反应堆保护停堆（防人因失误工具未与操作规程紧密结合）

4.6.1　事件信息

2021 年 12 月 10 日，某核电站 1#反应堆处于启动模式（反应堆核功率约 60 MW），2#反应堆处于维修停堆模式，汽轮机空载运行。当班值按计划对 2#卸料暂存装置（常压空气气氛）进行二次卸料。0 时 31 分，运行人员误将 1#卸料暂存装置（约 4 MPa 氦气气氛）下游两个串联阀门打开，1#卸料暂存装置压力降低，由于 1#卸料暂存装置与 1#反应堆一回路连通，1#反应堆冷却剂向卸料暂存快速排放，触发 1#反应堆"主氦压降快≥1 000 Pa/s"保护停堆动作，8 s 后 1#反应堆一回路隔离阀全部关闭，运行人员立即按照事故处理规程进行响应，确认 1#反应堆自动保护停堆动作执行完成，1#反应堆处于安全状态，并按照相应规程进行了停堆后的恢复操作。

4.6.2　原因分析

直接原因：运行人员错误打开卸料暂存 1 列卸料出口第 1 球路电动隔离阀（1FCA30AA185）和第 2 球路电动隔离阀（1FCA30AA186），1#反应堆一回路氦气经 1#卸料暂存装置卸球通路泄放至乏燃料贮存系统，触发 1#反应堆"主氦压降快≥1 000 Pa/s"保护停堆。

根本原因：①运行人员未有效使用"使用/遵守规程""自我检查""监护"等防人因失误工具；②未设置同一卸料暂存装置不能同时进行一次卸料和二次卸料的联锁逻辑。

促成因素：①运行规程未识别关键步骤，未明确关键步骤需采取监护等防人因失误工具；②运行人员在操作前风险分析不足，未识别到卸料操作可能导致一回路压力下降的风险。

4.7 某核电厂3号机组控制棒驱动机构电源全部丧失导致反应堆自动停堆（INES 1级事件，操纵员故意隐瞒原因、未完整执行规程、安全文化水平降低）

4.7.1 事件信息

2015 年 6 月 24 日，某核电厂 3 号机组 85%PN 功率运行，为配合电气维修人员进行计划内工作"控制棒驱动机构电源的 2 号电动发电机组定期检查"，运行人员在停运控制棒驱动机构电源的 2 号电动发电机组后，由于误合 2 号发电机（3RAM002AP）出口断路器（3RAM601JA），导致控制棒驱动机构电源的 2 台发电机（3RAM001/002AP）过流保护动作跳闸，控制棒驱动机构动力电源失电导致控制棒落棒，触发 RPN 功率量程中子通量变化率高保护动作，引起 3 号机组反应堆自动停堆。6 月 24 日 21 时 7 分至 6 月 26 日 17 时 50 分，未进行将一回路硼化到维修冷停堆硼浓度（2 300 ppm）的操作。6 月 27 日上午，操作设备的运行人员承认是人因误操作导致机组停堆，电厂重新启动控制棒驱动机构电源 3RAM 系统，20 时 58 分机组退出 SOP 处理规程，事件结束。

4.7.2 原因分析

（1）电源开关人因失误陷阱

控制棒驱动机构电源 3RAM 电源开关（3RAM601JA）是厦门 ABB 公司中外合资产品，为框架式断路器，将电动发电机的电源输送到控制棒驱动系统，其合闸信号主要有自动合闸信号和现场手动合闸信号。现场开关面板上有分闸按钮（PUSH OFF）和合闸按钮（PUSH ON），颜色分别为红色和绿色，其颜色与普通开关状态指示灯的颜色恰好相反，故存在人因陷阱，如图 4-19 所示。

图 4-19　控制棒驱动机构电源开关

拆下该断路器面板，其内部结构如图 4-20 所示。

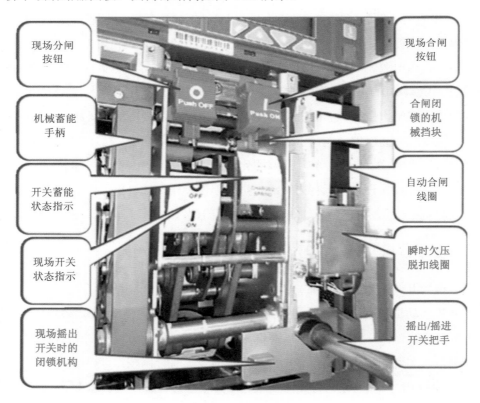

图 4-20　断路器结构示意

（2）误按开关人因失误分析

直接原因：

1）未严格执行程序（程序中未要求执行断路器分闸确认操作），操作者执行了程序以外操作，引入额外人因风险；运行程序中要求操作者在停运发电机（3RAM002AP）后，摇出发电机（3RAM002AP）的出线断路器（3RAM601JA），并未要求执行断路器的分闸确认操作，具体程序描述如图 4-21 所示。

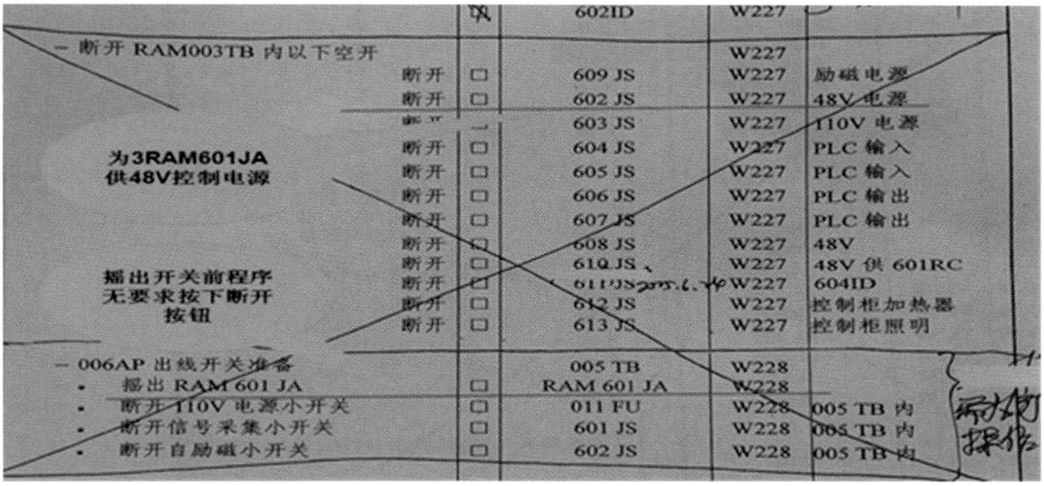

			602ID	W227	
— 断开 RAM003TB 内以下空开				W227	
	断开	□	609 JS	W227	励磁电源
	断开	□	602 JS	W227	48V 电源
	断开	□	603 JS	W227	110V 电源
	断开	□	604 JS	W227	PLC 输入
	断开	□	605 JS	W227	PLC 输入
	断开	□	606 JS	W227	PLC 输出
	断开	□	607 JS	W227	PLC 输出
	断开	□	608 JS	W227	48V
	断开	□	610 JS	W227	48V 供 601RC
	断开	□	611 JS	W227	604ID
	断开	□	612 JS	W227	控制柜加热器
	断开	□	613 JS	W227	控制柜照明
— 006AP 出线开关准备			005 TB	W228	
• 摇出 RAM 601 JA		□	RAM 601 JA	W228	
• 断开 110V 电源小开关		□	011 FU	W228	005 TB 内
• 断开信号采集小开关		□	601 JS	W228	005 TB 内
• 断开自励磁小开关		□	602 JS	W228	005 TB 内

图 4-21　停运 3RAM 的运行程序

隔离经理在现场准备将 3RAM601JA 开关摇出时，未严格执行程序，准备按下断开（PUSH OFF）按钮确认开关在断开位置时，但未考虑做这步动作将会后引入新的风险，而按下了合闸按钮（PUSH ON），导致断路器 3RAM601JA 合闸。

2）未进行“明星自检”，未对分闸与合闸按钮进行有效识别，导致执行分闸确认时误按合闸按钮；控制棒驱动机构的电源（3RAM）断路器开关分闸与合闸的颜色指示与其他普通电气开关状态指示灯的颜色存在区别，一般 6.6 kV、380 V 等普通开关的分闸状态为绿色指示灯，合闸运行状态为红色指示灯，而控制棒驱动机构的电源（3RAM）开关分闸操作按钮为红色指示，合闸为绿色指示。隔离经理到现场后，未使用“明星自检”，未停下来认真思考，未对分闸与合闸按钮进行有效识别，没有及时发现开关颜色的区别，而是采用操作普通开关的惯性思维，误认为绿色指示是分闸，故走错间隔，按错按钮。

3）没有派出相应授权监护人员，未起到有效监护效果。

促成原因：

1）运行值针对高风险作业风险识别后未采取针对性的风险管控：在工前会上明确了在发电机（3RAM002AP）停运期间不能导致出口断路器（3RAM601JA）合闸，并进行相关的经验反馈的提醒，但是针对如何避免出口断路器合闸的风险措施没有明确。

2）现场高风险警示提示信息不足，未增加相关高风险提示：现场断路器（3RAM601JA）开关的分闸按钮，合闸按钮的颜色指示与普通电气盘的指示灯的颜色恰好相反，现场无相关的高风险提示信息。

3）运行程序信息不完善：运行程序（S-3-RAM-001）中无在断开断路器3RAM601JA时禁止按下合闸按钮的风险提醒；准备程序时，在进行断路器（3RAM601JA）隔离操作步骤时未断开此断路器的48V控制电源（3RAM602JS），故此时瞬时欠压脱扣线圈处于励磁状态，使得合闸闭锁机械挡块向上移动，具备合闸功能，同时在摇出断路器3RAM601JA之前由于误按下合闸按钮导致断路器合闸。

4）对3RAM的恢复过于乐观：对3RAM系统恢复时间判断有误，电厂认为3RAM很快能够确定故障类型从而恢复供电，希望通过提出控制棒满足技术规范要求。

（3）未及时硼化原因分析

1）运行人员未充分理解事故规程指引导致未按事故规程进行硼化操作

3号机组停堆后，主控操纵员立即执行SOP规程，DOS诊断进入稳定序列。因停堆断路器故障原因正在查找，断路器不能合闸无法提出控制棒，SOP程序正确的执行顺序见图4-22。

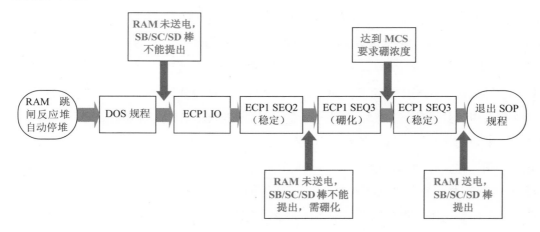

图4-22　SOP程序正确的执行顺序

运行人员实际执行 SOP 程序时,进入 DOS 稳定序列后,执行至"Close the RT breakers"步骤时等待查找 3RAM 跳闸原因。认为可以快速找到 3RAM 跳闸原因并恢复控制棒供电,通过提升控制棒来满足停堆裕度和技术规范要求,在未充分理解事故规程的情况下没有按照 SOP 规程要求硼化至 MCS 要求硼浓度,而是停留在 DOS 规程稳定序列等待提升控制棒至要求棒位。

通过分析,未执行事故规程继续硼化的根本原因为运行人员技能不足,主要表现为:反应性控制和安全分析知识欠缺;运行人员对 SOP 规程的执行、沟通和偏差处理的原则不清楚;对于技术规范的理解以及技术规范与事故规程的关系认识不足。

2)执照人员缺乏质疑态度,羊群效应明显

从 6 月 24 日中班进入 DOS 规程到 6 月 26 日中班开始硼化,其间经历七个班,跨越四个运行值,两个 STA,无人对中断事故规程执行和未按要求转换规程提出质疑。每天早会信息、SS/STA 碰头会和值班日志未见对机组安全状态进行风险分析和安全评价。在电厂作出"维持机组当前状态,查找故障原因"的决定后,运行人员将关注点放在故障查找和启动准备上,缺乏对机组安全状态的关注。

3)STA 未发挥独立监督和屏障作用

6 月 24 日跳堆后当班 STA 未及时发现当班值未按规程要求转换规程;6 月 24 日至 26 日,对机组事故规程适用性和控制棒未在堆顶和硼浓度不满足事故规程要求提出质疑、风险分析和安全评价;对运行当班值未按 ECP1-SEQ 规程硼化控制和中止硼化提出质疑;对运行当班值未按规程要求退出事故规程进行质疑。

4)决策指挥体系不够清晰

值长未及时报告事故程序执行中的疑问,PED 未跟踪事故执行中的问题。6 月 25 日事故控制转由 TEF 管理后,未关注机组所处状态是否安全。在决定维持机组当前状态等待时,值长、安工未就偏离程序执行要求向 PED 请示。在决定硼化过程中,未见决策单,值长、安工及两部门经理均未进行决策,直接请示 TEF 经理决策。

4.7.3　经验教训

1)现场任何工作时必须严格执行"四禁一严",严格遵守"明星自检"和行为规范,遇到疑问时立即停下来,做好风险分析,唯有这样才能有效地避免人因失效的发生。

2)针对电厂高风险作业,必须做好充分的风险分析,针对每一个风险制定好切实可行的避免措施。

3）机组出现重大异常时，电厂立即成立突发事件处置小组，落实责任人、明确各组分工，使值长和安工的主要精力能够集中于机组安全状态评价和分析。

此次跳堆事件说明了现场工作若不严格执行"四禁一严"，"明星自检"和行为规范都会酿成严重后果，同时体现了执照人员在反应性管理知识技能上存在薄弱环节，未采取保守的措施将反应堆置于所要求的安全状态，因此在今后的工作中，既要加强员工的安全意识、风险意识的培训和教育，提高员工按"明星自检"、行为规范操作的自觉性，也要加强组织管理者和核安全相关岗位人员对反应性管理的认识，将核安全真正落到实处。

4.8 某核电厂 1 号机组执行 Y1APG001RF 充水排气时导致 RRI 水箱低低水位（INES 1 级事件，操纵员违规操作、值长因绩效考核原因瞒报事件）

4.8.1 事件描述

2015 年 3 月 22 日凌晨，某核电厂 1 号机处于首次大修 RCS 模式（换料冷停堆模式）装料阶段，1RRA001PO 运行，1RRI003PO 运行带 A 列独立用户，1RRI004PO 运行带 B 列及公共负荷。在对 1APG001RF 的 RRI 侧充水排气期间，因运行人员开启 1APG001RF 的 RRI 侧出口阀门 1RRI156VN 过大，且主控干预不当，先后导致 1RRI002BA/001BA 出现低低水位，1RRA 两台泵短时停运 6 min，乏燃料水池失去 1RRI 冷却 17 min。其间一回路温度等重要参数保持稳定。

事件发生时值班日志中未记录、也未报告，暴露出组织中个别人员安全文化素养缺失。根据 INES 事件分级标准，本次事件升级为 1 级。

4.8.2 原因分析

4.8.2.1 未执行程序

1APG001RF 的充水排气工作开始前，RO1 没有按程序要求进行工作前的准备：查看文件包内容，识别工作的风险，针对风险制定应对措施；没有召开工前会，分派工作时没有给现场操作员交代机组状态和工作中的风险，导致在整个工作过程中风险不可知、不可控。1APG001RF 充水排气操作时，RO1 未按要求将信息通知 RO2，主控室操纵员之间沟通不足，导致 RO2 不清楚此操作的风险和对机组的影响，从而出现 1RRI002BA 水位低的 DOS 报警 1RRI018KA1 后，未按报警卡要求执行 DOS 程序。导致在未隔离公共负荷的情况下将公共负荷由 1RRI B 列切换到 A 列，进而造成 1RRI001BA 出现危急水位的 DOS 报警 1RRI045KA。若在 1RRI002BA 出现 DOS 报警 1RRI018KA1 时，即按照报警卡要求立即执行 DOS，隔离公共负荷，就不会导致机组工况进一步恶化，实际上在 SOP 程序中已经考虑了此种工况的应对策略。出现 DOS 报警后，没有按程序要求通知 STA，导致 STA 不能及时到主控室进行机组安全状态的独立监控。

4.8.2.2　缺乏系统知识，技能不足

现场操作员没有正确掌握 RRI 系统充水排气的方法，致使 1RRI156VN（1APG001RF 的 RRI 侧出口阀门）开启过大。RO1 没有意识到 1APG001RF 充水排气工作与 1RRI 之间的关系，导致在 1RRI 水箱水位降低时未能第一时间判断出故障原因。RO1 在接到现场开阀充水的电话后，仅按电话内容监视 1RRI001BA 的水位，没考虑到此时 1APG001RF 由 1RRI B 列供冷却水，应该监视 1RRI002BA 的水位。RO1 在 1RRI A 列水箱水位降低后，为防止 1RRI003PO 气蚀，先停运了 1RRA001PO，近 6 min 后启动 1RRA002PO，造成 1RRA 两台泵同时停运的结果。反映出当班值执照人员对于 RCS 模式下运行技术规范的条款不熟悉（运行技术规范明确要求：在 RCS 模式下，两台 RRA 泵必须可用，至少一台泵在运行）。

4.8.2.3　经验反馈落实不到位

RRI 系统在充水排气过程中导致 RRI 水箱水位低低的类似事件在多个电厂均出现过，特别是在本电厂也出现过，在运行值内部也进行过反馈培训，但值内培训并未转化为现场操作员实际技能，致使现场操作员未能正确掌握 RRI 系统充水排气的关键点。在 RRI 系统的充水排气的文件包中也没有根据经验反馈进行特别注释和提醒。

综上所述，工作前没有准备，导致对任务相关的系统设备的状况不清楚；没有进行风险分析，导致面对紧急的情况措手不及。而临时的应对就只能依赖平时养成的工作习惯，这时个别人不按程序规定执行的坏习惯就自然成为他自己工作的主导行为，慌乱当中，他自己都不知道自己没有执行程序。

4.8.3　关注问题

4.8.3.1　事件瞒报

在 1RRA 和 1RRI 系统恢复初态后，做值班记录时，值长考虑到值内前期出现较多

人因事件，担心此事件对本值有负面影响，决定不在值长日志上记录相关信息。机组长、操纵员曾就日志是否记录事件信息向值长请示，值长指示不做记录。机组长、操纵员均没有就不记录该事件信息提出质疑，值长、机组长、操纵员在交班时均未向接班值做任何说明，也未向上级报告相关情况。

此事件的瞒报行为，事实清楚，证据确凿，性质非常恶劣，它违背了核电厂一贯坚持的诚信透明的价值理念，触犯了核电厂安全质量管理红线，是电厂的组织原则不能容忍的。运行值涉事人员安全文化素养缺失，不能正确认识安全和业绩的关系，将业绩与安全对立起来。核电厂的全体员工都应以此为戒，在管理上重视安全透明的激励措施，形成一种以诚信透明为荣、以瞒报作假为耻的文化氛围，绝不能容忍类似事情发生。

4.8.3.2   未遵守管理程序的要求

在《运行值班管理》机组监控部分有明确规定，对于机组上发现的任何异常，应该及时发现、确认、分析、处理、记录和报告异常。本事件中，当班值在机组上出现非预期 DOS 报警后，未按要求通知 STA 和汇报上级。

4.9   三哩岛核事故中反映出的人因问题（INES 5 级）

1）操纵员未能及早发现稳压器安全阀关闭时发生的卡座故障，导致冷却剂长时间泄漏。

2）维修人员在维修辅助给水系统时，没有将隔离阀恢复到打开位置，事后操纵员也没有发现，导致辅助给水系统无法供水，蒸汽发生器烧干。

3）操纵员过早关闭一台安注泵，高压注水被遏制，导致注入的冷却剂不足以补充泄漏，冷却剂继续丧失，压力严重下降。

4）操纵员过早切断冷却剂泵，自然循环也未能建立，导致堆芯裸露，冷却丧失。

5）操作人员培训不充分，故障处理的能力低，读错、漏读数据，紧急情况下操作慌乱，产生误操作，最终导致事故发生。可见，操作人员和工程技术人员必须接受获得判断能力方面的实践训练，这对确保核电站安全至关重要。

6）由于设计不合理，运行人员不能根据仪表指示及时判断稳压器泄压，阀卡座系统缺少显示反应堆内水位高低的仪表，因此反应堆已经缺水而操作者并不知晓，一些反映重要信息的显示器被安装在墙角边和仪表板之后，容易被操作人员忽略。

7）控制装置设计不合理。主要表现在不同功能的控制器安装在一起，其相互关系不易辨别，引起运行人员在紧急状况下产生误操作；控制器的运动方向不符合人的操作习惯，因而产生逆转错误；控制器缺乏复位装置和报警信号，引起人的无意的操作错误；控制器的位置和组合方式不合理，引起操作延迟过大甚至误操作等。

　　8）控制室布局不好。控制室的规模很大，总长多米的控制盘上布满了各种指示仪表、操作开关和报警信号（图 4-23）。操纵员操作活动范围很大，工作负担沉重，精神高度紧张，因而操作失误较多。在事故发生过程中，曾发出多个报警信号，如此多的报警信号严重地干扰了操纵员的思维，信息过量影响操纵员正确判断。

图 4-23　三哩岛核电站主控室

4.10　日本茨城县东海村 JCO 核原料加工厂临界事故（INES 4 级）

4.10.1　事故简介

　　1999 年 9 月 30 日，日本 JCO 公司铀加工厂的一个混合沉淀容器内发生意外临界，导致 3 名加工厂操作人员遭受过量照射，另外，包括加工厂操作人员，附近居民和应急人员在内的其余 66 人遭到了不同程度的照射。当事件发生时，工作人员正在生产 18.8% 浓度的快堆铀燃料，将硝酸双氧铀溶液用不锈钢桶和漏斗转移到沉淀池。

　　该转移过程最初是采用封闭的自动化装置进行的。但多年来工作人员和经理都认为该自动化操作太费时而改为人工。程序规定在沉淀池最多只能容纳 2.4 kg 的铀。然而在

9 月 29 日和 30 日两天向沉淀池内加入了 7 桶共 16.6 kg 的铀。9 月 30 日 10 时 35 分，就在往沉淀池内加入第 7 桶硝酸双氧铀时达到了临界，发生了链式反应。工作人员说当时看到一道蓝色闪光并立即感到不舒服，他们立即离开了现场。沉淀池中的混合物一会儿处于临界，一会儿又回到次临界状态，此现象维持了 17 h，直到工作人员将沉淀池围池内的冷却水排走。现场周围的剂量达到了中子辐射 4.5 mSv/h 和伽马辐射 0.84 mSv/h，有 7 名附近居民受到了明显的小剂量辐照。当事 2 人受照剂量分别为 16～23 Gy 与 6～10 Gy，医学抢救后死亡。

4.10.2　原因分析

1）正常只加工浓度为 5% 以下的铀燃料，此次浓度为 18.8%。3 名操作人员中的两名没有处理过浓度为 18.8% 铀燃料。操作人员对因浓缩度不同而导致临界的危险一无所知。

2）程序在未经授权同意被擅自修改：允许使用不锈钢桶进行铀/酸混合。

3）生产压力导致操作的进一步简化：铀/酸混合液直接从不锈钢桶倒入沉淀池。

4.11　韩国荣光核电厂 1 号机操纵员误提升控制棒导致辅助给水泵启动并手动停堆（INES 2 级）

4.11.1　事件摘要

2019 年 5 月，韩国荣光核电厂 1 号机组在进行调硼法测量控制棒价值期间，在用控制棒组 B 来测量停堆棒组 A 时，发现控制棒组 B 中的 G1 和 G2 两个棒存在 2 步偏差，为纠正该偏差，操纵员在没有获得值长同意的情况下，下插棒组 B 至 0 步。后为继续试验，开始提升棒组 B，再次发现棒组 B 中的 M6 棒与其他棒束存在 12 步偏差，为了纠正该偏差，操纵员多次操作控制棒，最后棒组 B 提升至 100 步，超过临界棒位，反应堆功率快速上升至 18.8%，随后在确认包括 "一回路压力高" 在内的报警状态后，操纵员手动停堆。

韩国对于此事件的 INES 评级为 2 级，但并未给出评级过程。审评人员按照《国际核与辐射事件分级手册》，按照有始发事件的纵深防御原则进行分级，有两个始发事件，即预期的始发事件 1（主给水流量丧失）；预期的始发事件 2（换料期间一个控制组件意外抽出）。由于事件过程中，主给水泵跳泵，辅助给水泵正常投运，安全功能全部可用，因此，以此始发事件的基础定级为 0 级；按照换料期间一个控制组件意外抽出这一始发事件，由于事件中的 M6 棒发生了短时卡棒，因此安全功能不是全部可用，但达到运行限制条件规定的最低要求，因此基础定级为 1 级或 2 级。两个始发事件定级取较高的定级，因此事件的基础定级为 1 级。同时，按照事件报告中提到的营运单位的安全文化薄弱，因此增加 1 级，即该事件的最终定级为 2 级。

4.11.2　原因分析

（1）误提升控制棒

经查明，营运单位没有遵守故障处理程序。如果在试验过程中出现控制棒两步偏差等问题，应根据程序制订工作单或工作计划。然而，营运单位没有遵守故障处理程序，并由未经授权的人员操纵控制棒以解决问题。

（2）未遵守技术规范

根据 T.S LCO 3.1.10，在物理试验期间，RCS 最低回路平均温度应高于 282.8℃，热功率应低于 5%。如果试验期间热功率不在限制范围内，操纵员应立即断开反应堆停堆断路器。事发时经查明，控制棒提升量过大导致热功率超出运行限值，营运单位未遵守 LCO 3.1.10。存在两个问题导致未遵守 TS。

第一，失效的工前会。在 13 个小时的控制棒试验中，3 个班组连续参加了试验。换班时，应重新召开工前会，向新班组通报试验的注意事项和限制。但是，只有第一班，即事发前一天的下午班，开了一个工前会。如果接班值正确地进行了工前会，他们应该就不会违反运行技术规范了。

第二，对 TS 限制条件的"热功率"的限值不够重视。在瞬态期间，操纵员对一回路和二回路之间的热功率概念认识不清。

（3）控制棒驱动机构发生短时故障

1）2 步偏差。这是在控制棒反应性试验的初始阶段反应堆操纵员的不熟练操作造成的。为了提升待测控制棒组 B 一步，需要两个连续的操作。然而，操纵员只操作了一步。

2）M6 控制棒的短时故障。初步认为 M6 控制棒的短时卡棒是由于棘爪卡住或 CRUD（控制棒组件不可识别的沉积物）造成的。开大盖后，进行了必要的检查，包括 CRDM 线圈电阻和功能试验、异物和对 CRDM 接插件的目视检查，确认 CRDM 本身没有问题。

（4）人员与组织因素

对本次事件的根本原因分析发现的三个主要原因是：①主控室工作气氛闭塞；②操

纵员培训不足；③组织文化与安全第一的原则不匹配。

主控室（MCR）是一个只有少数员工工作的封闭空间。这种情况导致操纵员的责任感较低，因为操纵员的行为没有保存下足够的证据使其在调查过程中进行客观审查（没有录像）。此外，对操纵员的技术规范或程序及其实施重要性的培训不足，员工长时间的繁重工作可能导致错误判断。

营运单位具有防人因失误相关程序。在低功率物理试验期间换班时，按照程序，下一班值必须进行高水平的工前会。并且根据防人因失误工具，工作人员必须使用并遵守规程，但他们没有遵守控制棒棒位测量系统试验程序，该程序仅允许 MCR 操纵员操作控制棒。

此外，还发现了组织对安全的不敏感/不重视。营运单位的组织文化重视对计划过程的遵守而不是安全，由于对核电厂设计安全的过度信任，安全因素的重要性被忽视了。

4.11.3 经验教训

在反应堆启动期间遵守 TS LCO 和工单及相关程序：①在持续的试验和工作的同时实施工前会和交接班会议制度；②加强培训物理试验期间的反应性控制。

为防止人因失误事件再次发生，NSSC 提出了 4 类 26 项任务，4 类任务具体如下：①改进危及安全的法规和制度；②鼓励以安全为优先的工作环境；③鼓励营运单位提升安全运营能力（如营运单位实施的纠正措施，将连续工作时间限制为 12 h，并改善对加班的管理）；④加强监管机构对核电厂事件的响应能力。

4.12 小结

从典型人因事件分析得出以下结论：

1）工作安排时间紧任务重，尤其在机组大修期间，运行值人员需同时处理多项工作。不切合实际的业绩考核及导向，导致运行值疲于应付，忙中出错，甚至出现瞒报、违规造假等现象。

2）设备标牌、人因工程设计、工作环境等方面易存在人因失误陷阱。

3）防人因失误工具未完全下沉到每项重要工作，没有与具体操作规程有效结合。

4）人因事件经验反馈不到位。

5）新获授权/执照运行值人员知识技能不足、安全意识淡薄、安全文化待提升。

6）操纵员安全行为规范及心理状态需要加强跟踪与评估。

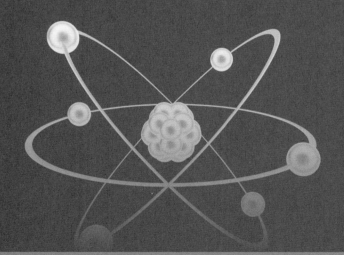

第 5 章

国内外人因事件统计分析

本章将对我国核动力厂人因事件进行全面的统计分析，包括人因失误类型、失效的防人因失误工具、人因失误陷阱、人因事件导致的后果等多个维度。并与 IAEA 人因事件相关统计分析结果进行比对，从而得出我国核动力厂人因事件数据统计分析结论。

5.1　我国核动力厂人因事件统计分析

（1）人因失误类型

近年来疏忽导致的技能型人因失误下降，而规则型人因失误占比增加，见图 5-1。

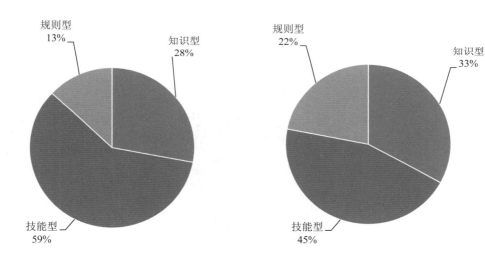

（a）1991—2011 年人因失误类型统计　　　　（b）2019—2023 年人因失误类型统计

图 5-1　人因失误类型统计

（2）失效的防人因失误工具

统计表明，防人因失误工具中未能"遵守/使用规程"导致的人因事件占比最大，该特征与上面规则型人因失误占比升高的统计结果吻合，如图 5-2 所示。

（3）人因失误陷阱

统计表明，规程文件缺陷的人因失误陷阱占比最大，为 38%，如图 5-3 所示。

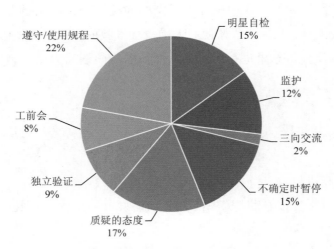

图 5-2　失效的防人因失误工具统计分布

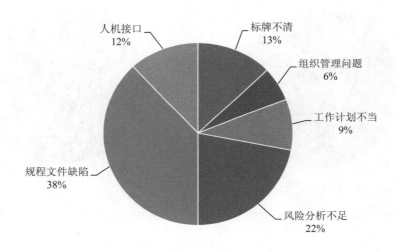

图 5-3　人因失误陷阱统计分布

（4）人因事件导致的后果

统计表明，违反技术规格书的事件占比最高，其次是停堆事件。总体来看，人因事件导致的安全风险可控，如图 5-4 所示。

（5）事件发生时开展工作

统计表明，在开展试验、故障处理和蒸汽发生器水位调节期间，最易发生人因失误，如图 5-5 所示。

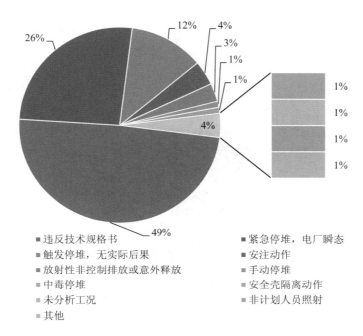

图 5-4　人因事件导致后果统计分布

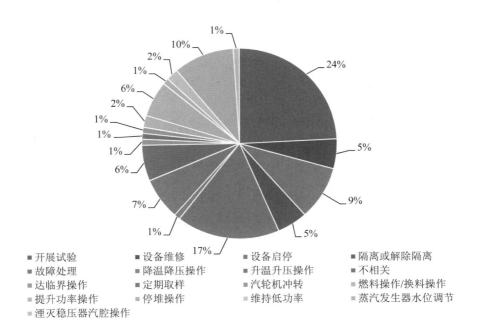

图 5-5　事件发生时开展工作统计分布

（6）人因事件所采取的纠正行动

营运单位对人因事件制定的纠正行动主要为完善规程、加强学习培训，对于组织管理及核安全文化方面行动较少，如图 5-6 所示。

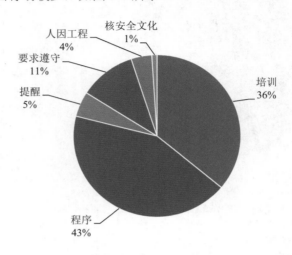

图 5-6　人因事件纠正行动统计分布

5.2　国外人因事件统计分析

5.2.1　HOF 报告统计分析

事故报告系统（Incident Reporting System，IRS）是由 IAEA 及核能机构（NEA）联合管理的一个国际性信息系统，其目的是致力于推进世界各地商用核电厂的安全运行。通过该系统，各成员国能够对核电厂运行经验进行相互交流，对安全重要性事件及时反馈，从而防止类似事件的重发；IRS 通过收集和分析一些因为人因、管理、核设备等综合因素而导致的典型事件，以提高核电厂对潜在风险的认识。

（1）IAEA HOF 人员、组织和管理因素专题报告统计数据

调研 IAEA 对于各成员国上报至 IRS 国际运行经验的报告，发现系统的人因事件统计呈以下趋势，无论是 1986 年以前还是 2007—2011 年，规程文件因素一直以来占比最高，如图 5-7 所示。

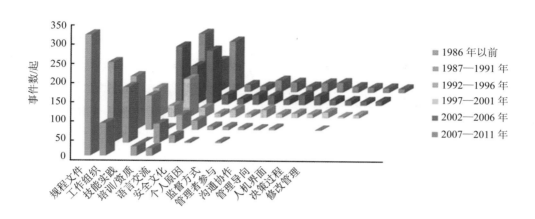

图 5-7　IRS 人因事件根本原因统计分布

（2）1997—2011 年 IRS 人因事件中：人员、组织和管理原因因素数据统计

规程文件因素呈增加趋势，其与技能实践因素一同成为人因事件的绝大部分主要因素，如图 5-8 所示。

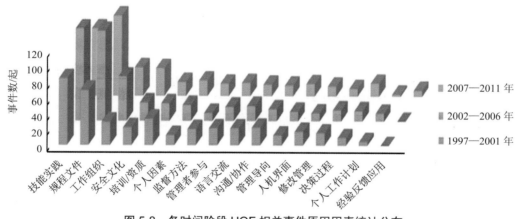

图 5-8　各时间阶段 HOF 相关事件原因因素统计分布

（3）144 起 IRS 人因事件统计数据——基于 IRS 编码（2005—2011 年）

1）人因失误相关要素：IAEA 各成员国报送的 IRS 人因事件原因分析中，在人员表现这一大类原因因素里，违反书面程序占比最大，如图 5-9 所示，黑色线代表一级编码。

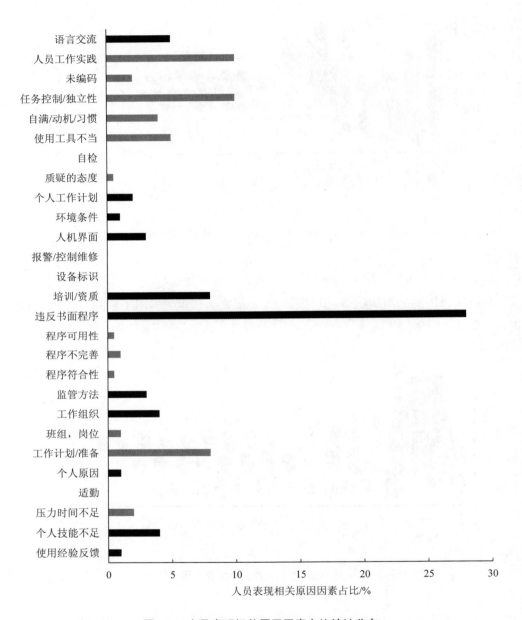

图 5-9　人员表现相关原因因素占比统计分布

　　2）管理相关原因因素：管理相关因素方面，安全文化缺陷占比最大，IAEA 各成员国的事件分析中更看重安全文化等管理层面问题，如图 5-10 所示。

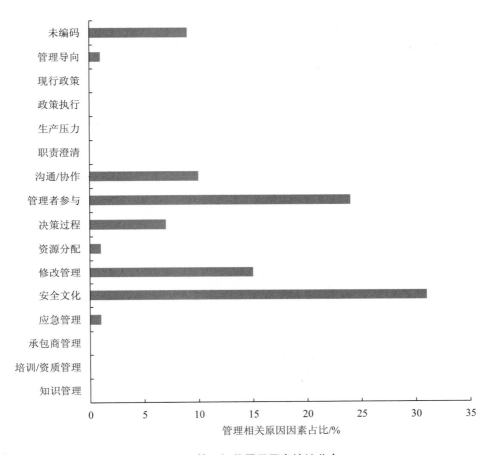

图 5-10　管理相关原因因素统计分布

（4）112 起 LER 事件（NRC 2010—2013）——基于 IRS 编码

1）人员表现相关原因因素：IAEA 对美国 112 起 LER 人因事件报告进行了基于 IRS 编码的统计分析，从中可以看出，美国 LER 事件报告中所呈现的人员表现要素中，规程完整性/准确性占比最大，程序相关问题占主导，如图 5-11 所示，黑色线代表一级编码。

2）管理相关原因因素：管理相关因素方面，安全文化缺陷占比最大，NRC 在对 LER 事件分析中也更看重安全文化等管理层面问题，如图 5-12 所示。

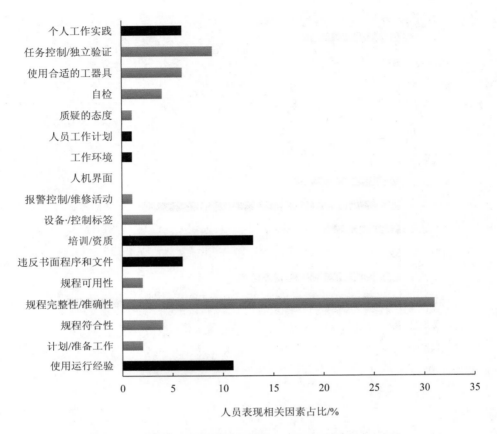

图 5-11 美国 LER 事件中人员表现相关因素占比统计分布

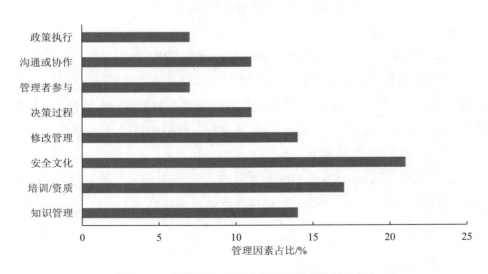

图 5-12 美国 LER 事件中管理因素占比统计分布

5.2.2　趋势分析

以压水堆（PWR）为例，表 5-1 为 2006—2015 年 IAEA 世界核电厂运行事件以及人因事件的统计结果。图 5-13 则展示了运行事件、人因事件的变化趋势。由表 5-1 和图 5-13 可以看出，运行事件总数呈下降趋势。这主要是因为核电厂在运行经验反馈方面采取了有效的措施并取得了令人满意的实效。由表 5-1 可知，人因事件总数有 124 起，占运行事件总数 333 起的 37.2%。人因事件的绝对数量呈下降趋势；但是，它在整个运行事件中所占的比例却基本没有减少。这是因为随着核电厂对设备不断改进、系统的可靠性不断提高、人机交互界面更加友好、安全功能不断增强以及安全文化的提高，防御了部分人误的产生或诱发事故。然而，人因方面的根本缺陷尚未有效解决，因而人因事件并未得到本质的下降。

表 5-1　2006—2015 年 IAEA 世界核电厂运行事件统计分布

年份	2006	2007	2008	2009	2010	2011	2012	2013	2014	2015
运行事件总数/起	42	34	26	31	40	40	33	37	31	19
人因事件数/起	22	9	7	15	16	11	9	15	10	10
人因事件数占运行事件总数的比例/%	52.4	26.5	26.9	48.4	40.0	27.5	27.3	40.5	32.3	52.6

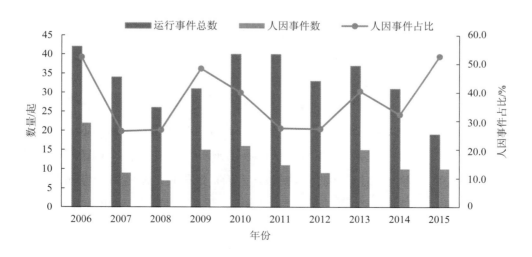

图 5-13　2006—2015 年 IAEA 世界核电厂运行事件统计

（1）人因事件地域分布

在 IAEA 的 124 起人因事件中，压水堆共涉及亚美尼亚、比利时、巴西、保加利亚、中国、捷克、芬兰、法国、德国、匈牙利、印度、日本、韩国、荷兰、巴基斯坦、俄罗斯、斯洛伐克、斯洛文尼亚、南非、西班牙、瑞典、瑞士、乌克兰、英国和美国等25 个国家和地区。其中，排名前 10 位的国家和地区（图 5-14）分别为：法国（53 起，15.9%）、俄罗斯（39 起，11.7%）、美国（39 起，11.7%）、中国（22 起，6.6%）、日本（16 起，4.8%）、南非（16 起，4.8%）、比利时（12 起，3.6%）、匈牙利（12 起，3.6%）、捷克（11 起，3.3%）、韩国（11 起，3.3%）。

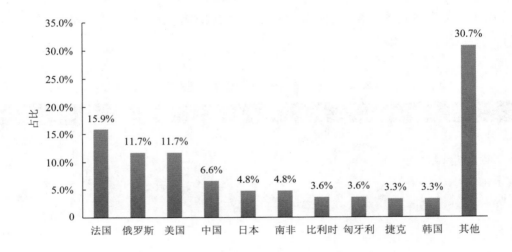

图 5-14   2006—2015 年人因事件地域分布

（2）人因事件反应堆运行年限分布

IAEA 在事故报告系统中记录了事故反应堆的起始运营时间，将起始运营时间段划分为 20 世纪 60 年代（1960—1969 年）、70 年代（1970—1979 年）、80 年代（1980—1989 年）、90 年代（1990—1999 年）、00 年代（2000—2009 年）、10 年代（2010—2015 年），统计 2006—2015 年所有 333 起运行事件（包括人因事件和非人因事件）分布见图 5-15。由图 5-15 可知，无论是人因事件还是非人因事件，均需要重点关注 20 世纪 80 年代开始运营的反应堆。

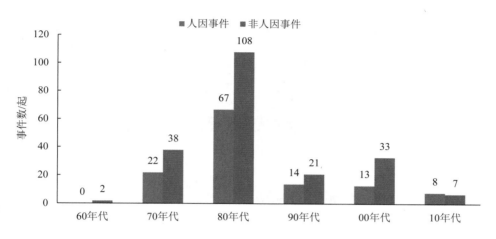

图 5-15　2006—2015 年反应堆起始运营时间段分布

（3）各类人因事件分布

IAEA 将反应堆系统中的人因事件分为三大类：

A 类（事故前人因事件）：是指按照日常运行或维修、调试计划而进行的工作过程中，人的失误行为导致的系统/设备的潜在不可用。这类事件往往是由于管理的原因或者人员素质方面的原因所产生的疏忽型失误，例如，维修后忘记将阀门恢复初始状态等，它的失误概率一般与时间无关。

B 类（激发始发事件的人因事件）：是人在进行某项作业或实施某项行为时，由于某种不正确的行为或操作而直接导致异常工况出现的初因事件，如停堆等。这类事件的概率一般包含在初因失效分析中，不在人因可靠性分析中进行独立分析。

C 类（事故后人因事件）：指在核电厂出现异常事故情景，人在一种特殊的应急环境下与系统发生交互作用过程中的失误，主要表现为人的察觉、诊断、决策及操作的失误，其失误概率通常与任务完成的时间有密切关系，失误往往是难以纠正的错误。

在 IAEA 统计的 124 起人因事件中，A、B 和 C 类人因事件数分别为：72 起、9 起和 43 起，在人因事件总数中所占比例分别为 58%、7% 和 35%，如图 5-16 所示。从人因事件的结构占比不难分析，维修、调试、试验活动中所产生的人误导致系统潜在失效而最终诱发系统事故已成为人因事故最重要的原因，必须对 A 类人因事件给予高度重视；过去，在对系统进行安全分析时，关注的重点是事故后的人员行为（C 类事件），而较少考虑事故前的人因事件（A 类事件），现在至少应将 A 类事件和 C 类事件同等对待，从源头上减少人因事件的发生。

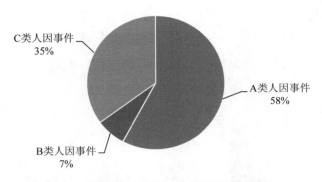

图 5-16　2006—2015 年各类人因事件占比

（4）运行各阶段人因事件分布

根据反应堆运行时堆芯功率情况将事故发生时的状态分为以下几种：停堆阶段、启动阶段、功率运行阶段（0＜堆功率＜100%）、满功率运行阶段（堆功率＝100%）和超功率运行阶段（堆功率＞100%）5 个状态。图 5-17 为反应堆在这 5 个阶段的人因事件分布，事件数分别为 36 起、10 起、66 起、11 起和 1 起，占比分别为 29%、8%、53%、9%和 1%。由图 5-17 可知，功率运行阶段和停堆阶段发生的人因事故占比最高，占 80%以上，需要重点关注。超功率运行时人因事件只有 1 起，几乎可以忽略不计，这是由于反应堆超功率运行本身就是不允许的，其时间极短。反应堆启动阶段的人因事件也不容忽视，由于准备工作不充分或者在停堆阶段潜在的人因失误都可以在此时引发事故。由于启动阶段所用时间相对于反应堆运行时间要短得多，所以启动阶段的人因失误概率实际上远大于功率运行阶段的人因失误概率。

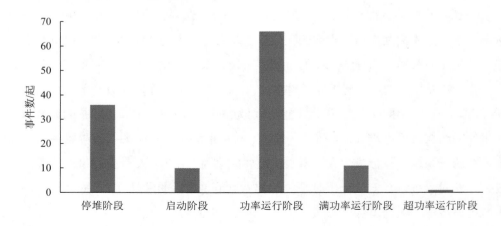

图 5-17　2006—2015 年反应堆运行各阶段人因事件分布

（5）各类根本原因分布

人因事件的根本原因是指引发人因事件的基本原因，若这些原因得以纠正，可以有效防止事件的发生或有害条件的重现。

IAEA 在运行事件分析报告中将根本原因主要分为三大类：人员行为相关因子、管理相关因子和设备相关因子。其中人员行为相关因子，即人因事件的根原因及简要描述如表 5-2 所示。

表 5-2　IAEA 人因事件根本原因及简要描述

序号	根本原因	简要描述
1	口头交流	班组间或班组内的人员交流不正确或者不充分等
2	实际操作	没有有效执行或实施人员行为自检，对系统运行方式的改变或系统隔离没有进行确认，要求使用的规程、图册等没有得到使用，应用不安全的操作习惯等
3	工作安排	过度加班、在非工作时间内召集人员、频繁换班、数小时连续工作、长时间没有休息天的工作、不熟悉工作流程等
4	环境条件	照明不足、噪声大、环境不适宜、高放射性、狭窄的工作空间、干扰/分心的事等
5	人机接口	对执行任务的接口设计不合理、控制提供不充分、存在或出现的报警太多、报警设置不充分、报警装置被遮挡或取消、指示及标示不够或丢失等
6	培训/认证	未提供如何去完成某类工作任务的培训、未提供如何使用专用设备和工具的培训、未参加培训、再培训不够、资格认证前对执行任务的熟悉程度未进行论证等
7	程序文件	没有适用的文件、技术上不正确/不完备、语句/格式不清、不足的技术审查，未提供使用帮助说明和充分的安全评价等
8	监督方法	责任、义务和任务没有说明清楚，进程没有得到充分监督，执行任务前监督标准没有确定，监督人员过多参与任务执行，对承包商的控制不够等
9	组织机构	不切实际的工作计划、特殊条件和要求考虑不够、相关部门没有有效配合、工作开始前没有确保工具和仪表的可用性，工作人员/专业人员太少等
10	个人因素	疲劳、压力大/时间紧/厌倦、技能不足/不熟悉工作性能标准等
11	运行经验	以往的运行经验没有覆盖、运行经验的环境条件发生变化、经验参照不当等

　　根据以上人因事件根本原因定义及描述，对 2006—2015 年 IAEA 的 124 起人因事件进行根本原因分析，统计如图 5-18 所示。

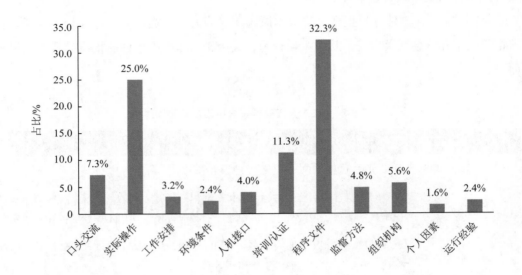

图 5-18　2006—2015 年各类人因事件根本原因所占比例

　　由图 5-18 可知，从人因事件的根本原因来看，与程序文件有关的事件占事件总数的 32.3%；与实际操作有关的事件占事件总数的 25.0%；与培训/认证有关的事件占事件总数的 11.3%；与口头交流有关的事件占事件总数的 7.3%；与组织机构有关的事件占事件总数的 5.6%；与监督方法有关的事件占事件总数的 4.8%；与人机接口有关的事件占事件总数的 4.0%；与工作安排有关的事件占事件总数的 3.2%；与环境条件、运行经验有关的事件占事件总数的比例均为 2.4%；与个人因素有关的事件占事件总数的 1.6%。程序文件、实际操作和培训/认证是目前导致人因事件的最主要 3 个根本原因，需要重点关注。

　　（6）人因事件影响及后果分布

　　IAEA 对人因事件造成的影响及后果分为 7 类：①严重的核电厂瞬态；②安全系统故障或不恰当投运；③重要设备损坏；④过量照射或严重的人员伤害；⑤非预期或失控的放射性释放超过核电厂内、外的规定限值；⑥设计、制造、建造、安装、运行、配置管理、人机接口、试验、维修、程序和培训等领域的缺陷；⑦其他影响电站安全或稳定运行的事件。对 2006—2015 年各类人因事件影响及后果分布进行统计，如图 5-19 所示。

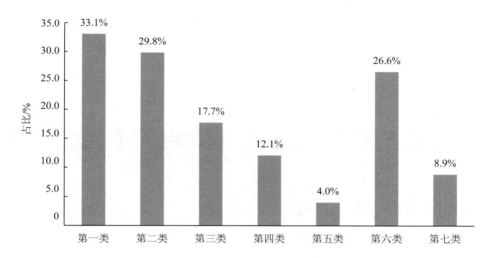

图 5-19　2006—2015 年人因事件影响及后果分布（分类不独立）

由图 5-19 可知，第一类和第二类事故发生的比率较高，分别占事故总数的 33.1% 和 29.8%。另外值得注意的是，第六类事故占事故总数的 26.6%，即人因失误造成设计、制造、建造、安装、运行、配置管理、人机接口、试验、维修、程序和培训等领域的缺陷也非常明显。

5.2.3　国际上人因事件对策研究

人因管理的基本理念是：人的失误不可能完全排除，但通过加强管理，可以大为减少。研究表明，"再优秀的人也会犯错"，因此核电厂人因培训的基本原则是全员培训（包括承包商），但工作人员所从事工作的类型、特点又不尽相同，因此需要分类对其培训，对不同类别的人员采取不同的人因工具。

以核电厂生产领域为例，核电厂工作人员可以分为 3 类：执行层、技术层、管理层。针对这 3 类人员不同的工作特点，分别开发了不同的人因工具。

（1）执行层人因工具

核电厂一线工作人员的人因失误直接涉及核安全，其失误类型大多数属于即时型失误。针对其工作特点和失误类型，INPO 总结开发了 *Human Performance Tools for Workers*（INPO 06-002），用于对核电厂执行层进行人因工具培训。

针对执行层的人因工具分为基本人因工具和有条件使用的人因工具两类。基本人因工具适用于核电厂所有的日常工作活动，不管工作的风险高低还是复杂程度如何，都能对安全顺利地完成工作任务有所帮助；而有条件使用的人因工具则是根据工作情况、工作需求或工作风险不同，有条件地选择运用。基本人因工具是有条件使用的人因工具的基础，详见表 5-3。

表 5-3　执行层人因工具

序号	基本人因工具	有条件使用的人因工具
1	工作审查	工前会
2	工作现场检查	并行验证
3	质疑的工作态度	独立验证
4	不确定时停止	同行检查
5	自检	防错误标记
6	使用并遵守程序	程序执行状态标记
7	三段式交流	交接班
8	字母的谐音表达	工后会

（2）技术层人因工具

核电厂普通工作人员除执行层外，还有相当数量的技术类人员，如工程师、行政人员、财务人员等，其人因失误大多数属于滞后型失误。针对其工作特点和失误类型，INPO 总结开发了 *Human Performance Tools for Engineers and Other Knowledge Workers*（INPO 05-002），用于对核电厂技术层进行人因工具培训，见表 5-4。

表 5-4　技术层人因工具

序号	基本人因工具	有条件使用的人因工具
1	技术工作工前会	项目策划
2	自检	供货商监察
3	质疑的工作态度	请勿打扰标志
4	验证假设	同行检查
5	签字	决策

（3）管理层人因工具

核电厂管理层的工作特点和执行层、技术层存在很大区别，因此 INPO 开发了 *Human*

Performance Tools for Managers and Supervisors（INPO 07-006），用于对核电厂管理层进行人因工具培训，见表 5-5。

表 5-5　管理层人因工具

序号	基本人因工具	有条件使用的人因工具
1	人员绩效审查委员会	保守决策
2	人员绩效战略规划	风险评估
3	领导行为	沟通交流
4	行为期望	任务分配

通过对 2006—2015 年 IAEA 统计的 333 起运行事件总数及人因事件总数案例研究发现，核电厂中发生的任何事件在本质上都是由于人的因素造成的，因此加强人因管理，进行人因工具培训是减少核电厂人因失误的一种有效手段。人因管理是一项长期的工作，它涉及个人、团队、组织和文化，在关注一线工作人员防人因失误的同时，需要重点关注在组织管理、核安全文化方面的屏障建设，通过分类工具使用，实实在在地减少核电厂的人因失误，提高核电厂的安全运行水平。

5.3　小结

1）我国核动力厂平均每堆年人因事件数量呈下降趋势，安全风险可控，我国人因事件统计趋势和分布特征与 IAEA 和 NRC 相似。

2）违规操作、规程缺陷成为近年来人因事件中的突出问题。

3）与国外相比，我国核动力厂人因事件在组织管理和安全文化方面的因素占比不高，营运单位原因分析深度有待提高。

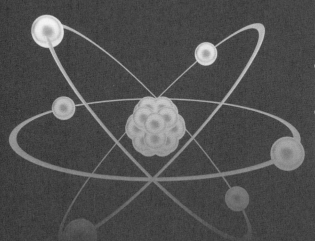

第6章

新运行团队、新技术和新投运机组核动力厂人因失误研究

本章将针对我国近年来新投入运行的机组所发生的人因相关运行事件和异常深入挖掘其中所反映出来的新运行团队、新系统设计和新技术等方面引入的人因失误问题，并对典型案例进行介绍，从而最终得出相关监管建议。

6.1 背景介绍

近年来，一系列采用非能动安全理念、多冗余系列设计、氦气冷却等新技术、新设计的核动力厂相继投入运行，堆型涵盖 AP1000、EPR、WWER、"华龙一号"、HTR 等。新投运核动力厂技术来源广泛，包括美国、法国、俄罗斯和我国自主创新。新投运核动力厂既包括具备一定运行经验的扩建项目，如田湾核电站、红沿河核电厂、阳江核电厂、福清核电厂，也包括一些新建项目，如三门核电厂、海阳核电厂、台山核电厂和石岛湾高温气冷堆。

统计表明采用新技术、新团队核动力厂在运行初期容易发生人因失误引起的运行事件，突出表现在人员技能不足、未严格执行规程或规程不完善、未使用防人因失误工具、人机接口设计不合理、关键敏感设备管控不当和经验反馈不到位等方面。在新投运核电机组中台山核电厂和石岛湾高温气冷堆人因事件发生频度明显高于其他核电机组，其主要原因在于采用新技术的核动力厂技术复杂度高，营运单位新的运维团队经验不足。

人因事件数量变化趋势如图 6-1 所示。

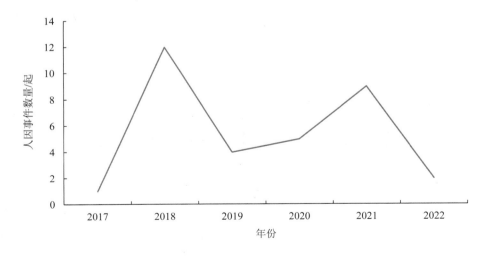

图 6-1 人因事件数量变化趋势

由图 6-1 可见，2018 年及 2021 年是人因事件高发年，其原因在于台山核电及石岛湾高温气冷堆示范工程分别于 2018 年及 2021 年投入运行，投运当年两核动力厂分别发生人因事件 7 起和 5 起，远高于其他核动力厂投运首年人因事件发生数量。

从装料后人因事件发生周期来看，19 台核电机组装料后首个自然年累计发生 19 起人因事件，次年发生 6 起人因事件，第三个自然年发生 5 起人因事件，第四个自然年发生 3 起人因事件，五年半内累计发生 33 起人因事件，可见新投运机组装料后人因事件主要集中在前 3 年，此后随着运行管理水平、人员技能水平的提升人因事件发生频度持续下降。

从人因事件发生堆型来看，19 台核电机组过去五年半平均发生 1.74 起人因事件，其中田湾核电站 3 号机组（WWER）、阳江核电厂 5 号机组（M310）、福清核电厂 5 号机组（"华龙一号"）各发生 2 起人因事件，海阳核电 2 号机组（AP1000）发生 3 起人因事件，略高于人因事件平均水平。高温气冷堆（HTR）双堆装料后 2 年累计发生人因事件 6 起，台山核电站（EPR）双堆装料后 5 年累计发生 14 起人因事件，显著高于其他新建核电机组人因事件发生频率。

从核动力厂营运单位运行经验来看，扩建项目 11 台核电机组过去 5 年半发生 8 起人因事件，平均每堆发生 0.73 起。新建项目 8 台核电机组过去 5 年半发生 25 起人因事件，平均每堆发生 3.125 起，去除人因事件高发的台山核电厂及石岛湾高温气冷堆示范工程 4 台机组后，三门及海阳核电 4 台机组发生 5 起人因事件，平均每堆发生 1.25 起，仍然高于扩建项目。可见新建项目人因事件发生频率显著高于扩建项目，说明营运单位的运行安全管理水平和运维人员知识技能水平、熟练度等因素对人因事件发生频率有较大影响。

为加强新投运机组在运行初期的安全管理水平，减少人因失误发生频率，本书对相关事件进行了分析总结，提出改进建议。

6.2 新投运核电机组运行值人因事件原因分析

核动力厂人因失误类型有：知识型、技能型与规则型。

知识型人因失误：指人们通过分析、判断来解决问题过程中所犯的失误。这类失误通常是由于工作人员的知识欠缺、经验不足、成见或偏见等因素所致。往往可以通过培训、宣贯等方式进行弥补。

技能型人因失误：指在进行一些经常的、简单的、熟练的操作过程中所犯的错误。导致这类失误的原因通常是注意力不集中，或注意力仅集中于某一点而忽视其他方面，即通常所说的"一时疏忽"。

规则型人因失误：指按规则进行操作时所犯的失误及未遵守规则及程序便进行操作，以及工作相关人员未取得应具备的资质与资格或工作票等工作开展许可即进行工作的人因失误。

对近年来新投运机组的 33 起人因事件的人因失误类别进行统计分析，如图 6-2 所示。

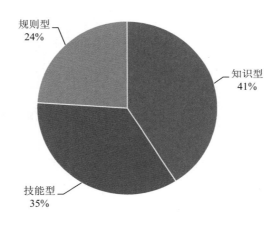

图 6-2　新投运核电机组人因事件分类统计分布

由图 6-2 可知，知识型人因失误在新投运核电机组中占比较高，达到 41%，规则型失误占比为 35%，技能型失误占比为 24%。根据核与辐射安全中心 1991—2011 年的核动力厂人因失误类型统计结果，其中技能型人因失误占比最高，达到 59%，知识型人因失误占比为 28%，规则型人因失误占比为 13%。对比可知，近年来新投运核电机组知识型人因失误比例显著高于成熟核电机组，说明新投运核电机组工作人员知识欠缺、经验不足的问题更为突出。此外，新投运机组规则型人因失误比例也高于成熟核电机组，说明其工作人员对规则的遵守有待提高。

为提高新投运核电机组人员行为可靠性，必须对工作人员进行资格授权管理，开展必要的培训使其具备履行工作职责所必需的知识技能水平，此外在工作过程中还应配置合理的操作规程，强化按规程操作意识，在工作中广泛使用防人因失误工具，从知识、技能、规则三个方面着手减少人因失误的发生。

6.3 典型事件分析说明

本书统计了 2019—2023 年装料运行核动力厂的人因事件，总体来看人因失误的典型诱发因素包括：①工作人员未严格执行核动力厂调试运行规程；②工作人员未应用防人因失误工具；③人员技能不足；④规程不完善；⑤人机接口设计不合理；⑥关键敏感设备管控不当；⑦经验反馈不到位。下面对相关原因和典型事件进行了详细说明。

6.3.1 工作人员未严格执行核动力厂调试运行规程

核动力厂营运单位规定工作人员应当在工作中遵守相关调试运行规程，严格执行规程能够规范人员行为，防止人员出现预期之外的动作，从而减少人因失误的发生。但在实际工作中，受机组状态、工作条件、进度安排、人员技能水平、工作习惯和突发响应等因素制约，工作人员往往不能严格执行规程，进而引发预期之外的行为并最终导致事件的发生。

例如，在某核电厂安注信号误触发事件中，运行值人员和试验负责人在部分先决条件不满足《凝结水系统功能试验程序》的情况下仍然继续开展试验，在进行操作时操纵员未严格遵守《运行操作的程序控制》《运行行为规范》《运行工前会及工后会管理》和《控制室和值班室管理》中的有关规定，在应急运行规程执行过程中，运行值人员偏离了规程操作导致安全系统动作。营运单位对调试试验、日常运行、事件响应工作中出现的不按规程操作的情况缺乏管理，工作有效性无法得到保障。

在某核电站 3 号机组蒸汽发生器液位降低触发反应堆自动停堆事件中，维修人员未严格遵守电厂程序，超票操作主给水泵出口管线流量计，运行人员执行系统充水操作单过程中未严格遵守程序的使用规定，在仪控人员还未反馈仪表在线状态的情况下执行下一步操作，导致 4 台蒸汽发生器的给水泵调节阀关小，4 台蒸汽发生器液位下降并触发反应堆自动停堆。

在某核电厂 1 号机组第四列安全厂房控制区通风系统风门置于就地模式导致不可用时间超出运行技术规范后撤期限事件中，隔离经理工作不规范，未严格按照管理程序要求履行解除隔离在线的职责，导致设备不可用时间超出运行技术规范后撤期限。

6.3.2　工作人员未应用防人因失误工具

典型的防人因失误工具包括：明星自检、监护、独立验证、三向交流、遵守/使用规程、工前会、质疑的态度、不确定时暂停等 8 个，详细见本书 2.2.4 节。

尽管核动力厂工作人员在工作实践中均被要求使用防人因失误工具，但由于部分一线工作人员使用防人因失误工具流于形式，人员配置不能满足监护要求等因素，不能充分发挥防人因失误作用，从而造成工作人员低级失误。

例如，在某核电厂 6 号机组"主泵惰走试验前拆接线错误导致停堆断路器意外断开"运行事件中工作人员唱票和监护执行流于形式，导致错误拆线并引发停堆断路器意外断开继而停堆。此外该事件中 6 名工作人员中有 4 人是第一次参加该工作，工作组成员知识技能不足，对操作单中信号接线指令的要求和影响存在知识盲点的问题，也是造成人员错误拆线的重要因素。

在某核电站氢净化舱室压差高导致 0KLC20 非预期启动事件中，主控室频繁出现"安全壳压力异常"报警，然而工作人员并未正确使用防人因失误工具——不确定时暂停和质疑的工作态度，导致安全壳压力异常升高并最终触发事故负压排风系统动作。此外该事件也暴露出运行人员首次进行低温吸附器补充液氮操作缺乏经验；运行人员在首次执行相关操作时并未充分吸取前期系统调试经验，其调试运行经验反馈不足。事件中当班值人员以外的技术支持不到位，对补充液氮的注意事项、风险分析以及补充过程中的预期状态不清楚。

在某核电厂运行人员误开阀门引起一回路压力下降快导致 1 号反应堆保护停堆运行事件中，运行人员执行 2 号卸料暂存装置（常压空气气氛）二次卸料操作时，误将 1 号卸料暂存装置（约 4 MPa 氢气气氛）下游两个串联阀门打开，导致一回路压力下降快并触发停堆保护，该事件中运行人员的关键操作并未使用监护等防人因失误工具。

在某核电厂 2 号机组长期低功率运行期间控制棒组低于要求的参考棒位死区范围事件中，操纵员计划用调节棒组的 H 棒置换 P 棒，本应下插 H 棒，但是错误设置成 H 棒提升 1 步，引起 P 棒继续快速下插至 300 步，低于其参考棒位的死区范围的下限（307 步），导致不满足运行技术规范对长期低功率运行期间控制棒组必须抽出至少到额定功率的参考棒位（死区范围内）的要求。操纵员相关操作并未得到有效监护，也没有使用自查等防人因失误工具。

6.3.3　人员技能不足

近期新投运核电机组普遍采用新设计理念、新工艺系统，在新机组投运初期对运维人员提出更高的知识技能要求，本书所统计事件中有多起事件是由于人员技能不足引发的。

例如，在某核电厂 2 号机组执行 1E 级直流电源系统（IDS）序列 A 切换至备用列供电时导致母线失电事件中运行值班员技能不足。运行规程 2-IDS-GJP-101 的操作步骤中，包括了"使用钥匙解锁""合上普林格尔闸刀"以及检查已合上闸刀共三个步骤。值班员在执行时，对相关动作现象理解不到位，导致对合闸结果印象不深刻，导致执行人员在操作过程中未能正确合闸 2-IDSA-DF-1（89C）（IDSA 熔断器转换开关柜备用位置开关），从而导致发生 2-IDSA-DS-1 直流母线失电。此外，该事件也暴露出 2-IDS-GJP-101 中 IDSS 熔断器转换开关柜 3 电压表的编码与就地不一致；IDSS 蓄电池充电器所在房间号错误；普林格尔弯柄闸刀和直柄闸刀的分合闸提示信息颜色相反，和行业通用的颜色提示信息相反等标识识别障碍问题，进一步加大了人因失误风险。

在某核电厂 5 号机组三台蒸汽发生器的 GCTa 调节阀非预期切至手动模式事件中，运行人员及计划人员知识技能不足、对多样化驱动系统特性存在知识盲点和运行人员对紧急停堆盘（ECP 盘）多样化驱动系统（KDS）模式切换试验窗口安排未有效质疑，导致三台蒸汽发生器的 GCT-a 排放管线调节阀由自动模式切至手动模式，不满足运行技术规范要求。

在某核电厂 5 号机组大修期间电气系统在线活动不规范导致 220V 交流重要负荷电源系统变压器供电回路不可用事件中，由于运行人员知识技能不足，未将变压器供电回路中的开关 5LNA054FU、5LNC054FU 合闸，其电气系统在线活动不规范导致 220V 交流重要负荷电源系统变压器供电回路不可用。

在某核电站 1 号堆核测量系统源量程 B 通道质量位闪发触发保护动作运行事件中核测量系统设备首次投用，人员对设备的运行特性不够熟悉，运行经验少，未能充分识别将旋钮系数调小后电流值波动较大的情况下可能会输出低于 3.8 mA 的电流，存在质量位坏点跳堆的风险。

在某核电站 3 号机组 30BEC 母线失电导致第三通道安全系统启动事件中 6 kV 断路器送工作位的培训不够有效，运行人员操作技能不足，在开展 3 号机组厂用电由正常电源供电转为备用电源供电操作时备用电源进线开关断路器推入工作位的操作没有完全到位，导致备用电源进线开关未按预期合闸。此外，该事件中也存在运行文件要求不明确、工作人员缺乏质疑的态度、备用电源开关状态灯设置和主控室显示画面设置不合理等问题。

在某核电厂 1 号机组 10%功率平台蒸汽发生器液位扰动试验期间蒸汽发生器液位高触发反应堆自动停堆事件中，操纵员 SG 水位手动调节技能不足，未能及时干预主给水系统小阀控制 SG 水位，导致反应堆自动停堆。

在某核电厂 1 号机组一列低压安注不可用期间未遵守技术规范事件中在第一列低压安注不可用情况下，运行人员未识别出其缓解措施要求，实施第一列 SRU/EVU 隔离操作。在某核电厂 2 号机组存在第一组事件情况下执行产生第一组事件的定期试验导致不满足运行技术规范要求事件中维修人员没有准确判断调压变压器已失去调压功能，导致运行人员没有及时记第一组 I0（LO*01）。

6.3.4　规程不完善

核动力厂运行维修规程应当适配工艺系统特征，完整准确，便于获取，易于理解且符合工作人员操作习惯，采用新设计理念、新工艺系统的核动力厂运行规程缺乏实践检验，在装料运行初期容易发生因规程不完善造成的人因事件。例如，在某核电厂 1、2 号机组 PMS B 序列逻辑触发试验程序升版时未覆盖 PRHR（非能动堆芯余热排出热交换器）触发停堆逻辑验证导致现场执行监督试验时未验证该功能事件中，1、2 号机组 PMS B 序列试验程序《B 序列逻辑触发试验程序 LCL-B1-RT1》（1-PMS-GJP-835 和 2-PMS-GJP-835）中不包含 PRHR 动作触发停堆逻辑验证，程序升版时遗漏该部分内容，进而导致 LCL-B1-RT1 停堆处理器 PRHR 动作触发停堆逻辑未在规定时间内得到验证。其深层次原因是该程序审批把关不严，程序在升版过程中校、审、批环节只确认了升版摘要的相关内容，未能对整个程序进行全面细致的审查。对于执行完成后的试验记录审查，仅对当前表格中的试验结果进行审查，未能深入对照验收准则、技术规格书规定的验收条目进行逐一核实。周期性试验执行程序由试验执行部门单独进行编制和试验结果审查，缺少公司其他部门的独立审查，管理流程不完善。

在某核电厂 2 号机组主给水泵丧失手动停堆后 S 信号自动触发事件中，S 信号触发后二回路启动给水泵和大气释放阀闭锁，此时一回路冷却剂系统在非能动余热排出系统带热作用下温度逐步下降，但事故规程并未要求对蒸汽发生器二次侧进行同步降温，导致蒸汽发生器 U 形管内冷却剂被倒传热加热汽化，进而使稳压器水位上升并最终引导操纵员依据 FR-P.1 规程 25RNO 和 40RNO 的要求，两次开启压力容器顶盖排气阀 RCS-V150A/C 降低稳压器液位。

在某核电厂 2 号蒸汽发生器二次侧流量波动大引起一回路局部压力波动导致 2 号堆保护动作事件中，主控操纵员根据《2 号 NSSS 装料后加热除湿阶段补充试验总体操作单》建立 2 号蒸汽发生器二次侧循环并开展蒸汽发生器热态冲洗操作，由于该程序对 2 号蒸汽发生器冷态冲洗完成后阀门关闭步骤顺序不合理，二回路运行瞬态并触发反应堆保护动作。

在某核电厂 4 号机组发电机整组启动短路试验误触发非电量保护全停 I 导致反应堆停堆事件中，4 号机组第三次换料大修期间执行 6.6 kV 应急柴油发电机组（A 列）满功率试验（FQ4-LHP-TPTSL-0002），试验过程中发现对于 SL-0002 电 102PO、103PO 的备用逻辑正确运行对于 SL-0002 电量保护全用位置的 4LHP102PO 燃油输送泵的启动逻辑正确运行，未切换至备用泵 4LHP103PO 对其启动逻辑进行验证。经核查，该备用泵启动逻辑在第一次、第二次换料大修期间均未进行验证，试验周期超过了《核电厂 3、4 号机组安全相关系统和设备定期试验监督要求》中规定的期限（一个换料周期）。进一步排查发现，燃油输送泵 4LHQ103PO（4 号机组 6.6 kV 应急柴油发电机组 B 列）、3LHP103PO 和 3LHQ103PO（3 号机组 6.6 kV 应急柴油发电机组 A、B 列）存在同样问题。事件的根本原因是运行人员在定期试验规程编制审查过程中对验收准则的理解存在偏差，导致规程中采用的试验方法不能有效验证验收准则；此外，定期试验管理体系中缺少内部 QSR 相关文件修改信息共享和反馈的规范管理流程及执行标准，导致新建核电机组未能充分吸取成熟机组运行经验。

在某核电厂 1 号机组落棒试验过程中 ATWS 信号非预期触发事件中，主控执行控制棒落棒时间测量试验期间主控出现控制棒未掉落报警，试验期间操纵员在 ATWS 侧反应堆停堆信号未消失情况下（持续 900s 的脉冲信号），继续了下一步的提棒操作，引起 ATWS 信号触发。事件原因是试验程序以及调试大纲对试验产生 I0 情况识别不全；修改 TP-RGL-102 试验程序风险分析不完整；设计变更后 RPR 图纸升版滞后且无明确流程规定触发参考文件的更新；生产方系统与调试 IMS 系统数据交互存在缺陷，导致 PECFUS 流转滞后。

在某核电厂 1 号机组停运循环水泵后预期凝汽器真空升高并触发反应堆自动停堆事件中海水库二号取水隧道闸门起吊作业潜水人员水下被困，主控决策分两步停运循环水泵以降低一号取水隧道流量引起反应堆自动停堆。事件原因为工作组修改 EOMM 规定的工序，风险讨论未邀请设计方参加，现场未识别出工序变化后的吸人风险，现场风险识别不全面。

在某核电厂1号机组安全防火分区火灾探测器被包裹导致不满足运行技术规范要求事件中，71个火灾探测器探头被塑料薄膜包裹，其中部分探头处于安全防火分区内。安全防火分区内的探头被包裹引起的不可用时长超出《某核电厂1、2号机组运行技术规范》规定的维修期限。事件原因是营运单位提出的JDT探头隔离保护流程存在漏洞，缺少完工后解除探头实体隔离的有效管控环节，未实现JDT探头状态的闭环管理。

6.3.5　人机接口设计不合理

新设计核动力厂人机接口与传统核动力厂存在显著差异，新设计的人机接口缺乏实践检验，在运行过程中可能通过人因事件逐步暴露相关缺陷。人机接口为操纵员提供必要的报警和监视，是人员正确响应的前提，报警过多或不能适当报警都会影响操纵员的后续行为。在相关运行维修活动中设备房间标牌不清晰、指示错误或容易混淆均会引入人因失误陷阱，加大人因失误风险。

例如在某核电厂2号机组主控室应急可居留系统（VES）触发事件中因控制逻辑未设置主控室回风温度TE058B与计算机房回风温度TE061B的平均值TY058B低报警用于提醒操纵员，导致操纵员未及时发现HY2-VBS-MS-02B跳闸。

在某核电厂2号机组安全壳外非能动安全壳冷却水箱出口隔离阀A误开启事件中，除盐水气动隔离阀V136A电磁阀直流电源刀闸与安全壳外非能动安全壳冷却水箱出口气动隔离阀A电磁阀直流电源刀闸相邻，其设备标牌指示不明确，导致工作人员误操作。此外，该事件中该核电厂1号机组工作人员已识别该缺陷并在1号机采取有效措施纠正相关问题，但并未将改进建议反馈至2号机组，这也是引发事件的重要促成因素。

在某核电站燃料装卸舱室压差高导致0KLC20非预期启动运行事件中，主控室的光字牌报警过多，长期存在大量噪扰报警。由于2号堆处于空气气氛未封闭状态，"安全壳压力异常"报警光字牌频发，给主控室操纵员监盘造成干扰，习惯性地认为报警原因是2号反应堆舱室状态异常。反应堆事故负压排风系统启动后，操纵员仅可通过仪控系统全日志记录获取相关设备运行情况，导致安全专设启动后操纵员长期未能干预。

6.3.6　关键敏感设备管控不当

核动力厂工作人员开展运行维修活动时对关键敏感设备管理不完善，对相关操作风险认识不足，容易误碰关键敏感设备导致安全系统动作或保护停堆。某核电厂采用 EPR 堆型，工艺系统复杂度高，在其装调调试期间发生多起人员误碰关键敏感设备导致的运行事件，这也是造成该核电厂人因事件高发的重要因素。

例如在某核电厂 1 号机组因误碰发电机和输电保护系统中间继电器触发厂辅变切换引起反应堆自动停堆事件中，调试人员在排查假同期试验过程中的跳机原因时，厂家人员误碰发电机和输电保护系统中间继电器的试验按钮，误发 DCS 厂辅变切换信号。现场关键敏感区域工作人员（含厂家人员）行为规范管理存在不足，在厂家人员可能出现潜在误碰关键敏感设备的情况下，仅采取口头提醒的方式，最终未能有效避免误碰。

在某核电厂 1 号机组 80%功率平台焓平衡计算一回路流量试验期间一台主泵跳闸触发反应堆自动停堆事件中，运行人员误碰一回路主泵电机供电开关柜内 finder 继电器的"test"按钮，导致主泵跳闸，进而引发自动停堆。根本原因为对已识别的继电器误碰导致主泵跳闸的风险认识不足，风险管控措施不充分，未能有效防止继电器误碰的事件发生。

在某核电厂 2 号机组人员走错间隔导致两列 DEL 不可用事件中，仪控部维修人员接到主控要求检查 2DEL 和 2DCL（主控室空调系统）报警。仪控部维修人员根据检查情况准备前往第二列 DEL 就地机柜进行相关复归操作。一名维修人员走错间隔，独自到第三列 DEL 就地机柜执行复归操作，导致在运的第三列 DEL 停运，从而导致两列 DEL 同时不可用，违反了《某核电厂 1、2 号机组运行技术规范》。事件的原因为维修人员走错间隔，误操作设备。根本原因为人员存在过度自信的表现导致行为规范执行不到位。促成因素为机柜钥匙漏设计和机柜标牌设计存在人因陷阱。

在某核电厂 1 号机组正常功率运行期间一台主泵跳闸导致反应堆自动停堆事件中，电气维修人员在检查电气盘电压测量单元时，使用万用表误碰一金属连接片，导致测量单元 B、C 相保险熔断，由该电气盘供电的反应堆冷却剂系统 1 号主泵跳闸。事件的直接原因为电气维修人员核实缺陷过程中误碰，导致 1LGF 配电盘电压互感器二次绕组 B、C 相短路，触发配电盘低电压保护动作，导致主泵跳闸，进而导致机组停机停堆。根本原因为对于重要敏感区域安全生产管理存在漏洞，主要体现在安全生产管理要求在程序中落实不到位、在工作中落实不到位及培训宣贯不到位。促成因素为电气经验反馈有效性不足；大修换料后机组运行未达到完成所有启动物理试验的状态；电压指示转换开关 001CC（型号：ABB[ONV3PB]）存在设计缺陷；核岛中压盘母线 PT 二次回路存在设计缺陷，保护回路和测量回路没有使用独立的开关。

6.3.7　经验反馈不到位

《核动力厂运行经验反馈》导则规定，核动力厂营运单位应当建立、实施、评估和持续改进运行经验反馈体系，通过收集、分析、分享和应用核动力厂或者其他工业的运行经验和教训，定期或不定期对经验反馈体系的有效性进行评价，提高核动力厂的安全水平。新投运核电机组缺乏运行经验，更应当加强对同类型机组、相关工艺系统设备和人员操作的经验反馈工作。在多起人因事件中也反映出新投运核电机组经验反馈工作缺陷。

如某核电厂 2 号机组安全壳外非能动安全壳冷却水箱出口隔离阀 A 误开启事件中，工作人员已经在 1 号机组识别非能动安全壳冷却水箱出口隔离阀标识容易混淆的问题，并通过设置隔离带进行提醒，但该问题并未及时反馈至 2 号机组，其深层次原因是营运单位异常跟踪处理系统并未设置 1、2 号机组相关问题核查机制。

在某核电厂氢净化舱室压差高导致 0KLC20 非预期启动事件中，运行人员首次执行氢净化系统正常净化 I 列低温吸附器补充液氮操作，并未吸取调试人员相关操作经验，未邀请调试人员共同开展相关操作，导致液氮通过低温吸附器顶部排气管道溢流并最终引发事故负压排风系统（0KLC20）非预期启动。

在某核电厂中间量程核功率质量位坏点导致 2 号反应堆保护动作触发事件中，营运单位已经针对此前源量程核功率仪表质量位坏点导致反应堆保护停堆事件进行了纠正和处理，然而该事件经验反馈仅局限在调试仪控人员，并未反馈至维修仪控人员，导致维修仪控人员仍然不了解核功率仪表容易触发质量位保护的问题，最终导致类似事件短期内重发。

6.4　新投运核电机组、新运行值加强防人因失误管理的改进建议

综上所述，为增强新投运核电机组装料运行初期防人因失误工作效果，减少人因事件数量，建议国家核安全局针对新投运核电机组发布防人因失误改进措施要求，并开展新投运核电机组防人因失误专项监督检查。

（1）健全新投运核动力厂防人因失误管理体系

新投运核电机组应与成熟核动力厂进行防人因失误管理体系对照检查，鉴于新投运核动力厂防人因失误管理体系缺乏实践检验，经过一段时间磨合后普遍能够减少人因事

件数量，为加快新投运核动力厂防人因失误管理体系磨合速度，提高投运初期防人因失误管理水平，有必要在装料运行前与成熟核动力厂开展对照检查，识别自身管理弱项，靠前工作减少运行初期人因事件数量。

（2）加强运行初期的防人因失误管理工作

在调试运行初期应保证人员配置，重点对防人因失误工具应用情况、人员遵守规程情况进行监督。新投运核动力厂运行初期人员知识技能不熟练，严格执行规程并使用防人因失误工具能够提高人员行为可靠性，因此核动力厂营运单位应当加强运行初期工作执行情况的监督力度，减少规程执行不严格，防人因失误工具流于形式、监护不到位等问题。

（3）加强调试运行经验反馈

运行人员应当充分吸取调试相关经验，积极参与调试活动，在首次操作系统设备时应保持审慎态度，在条件具备时应与调试人员共同开展调试试验，或在运行初期邀请调试人员参与运行维修工作，使运维人员尽快了解系统设备特点。

（4）加强与其他类似电厂的经验交流

充分吸取其他核动力厂运行经验。建立外部经验反馈信息渠道，定期收集、筛选、分析外部运行经验信息，开展外部经验反馈信息适用性评价，科学规范地管理外部经验反馈信息。

（5）加强人机接口管理

重点评估人机接口的变化影响，关注仪控系统是否设置了必要的报警提示，搅扰报警是否便于隔离消除。此外，还应关注现场的房间设备标识标牌是否正确、清晰、无歧义，是否安装防走错间隔提示。

（6）加强关键敏感设备管理

验证关键敏感设备（可能导致停机停堆保护和专设触发）的运行、维修程序，保证相关规程完整、正确，方便工作人员调用，加强关键敏感设备隔离管控，在关键敏感设备操作应进行充分的风险分析，防止误碰。

（7）加强人员技能培训

对新系统新设计相关操作进行重点培训和经验反馈，提高工作人员技能水平，加强对异常、风险的识别能力。首次开展运行维修活动时应通过模拟机或模拟体演练，校验操作规程的正确性，分析相关活动风险并采取必要的风险管理措施。

（8）加强工作场所环境管理

控制主控室人员数量，限制无关人员进入工作区域，保证工作场所清洁。核动力厂调试期间人员构成复杂，营运单位应当加强主控室和工作现场的环境管理，防止无关人员干扰正常运行活动或误触敏感设备造成事件。

（9）树立正确的核安全文化

培养质疑的工作态度，有疑问的时候停下来，避免抢工期、赶进度的问题。核动力厂营运单位应当合理安排运行维修计划，不在临近交接班或下班时间布置高风险作业，确保所有工作人员参加工前会，提前熟悉工作内容，充分认识工作风险。

（10）开展新投运核电机组防人因失误专项监督检查

国家核安全局可参考其他国家核安全监管实践经验，结合我国核安全监管需求和人因失误的特点，编制专门的防人因失误监督检查程序，明确防人因失误监管的目标、要求、监督检查内容。建立核电厂防人因失误检查评估机制，对核电厂发生的重要人因事件开展调查，以例行检查或专项检查的形式对核电厂营运单位防人因失误管理体系的建立、体系运转有效性、人因事件的经验反馈进行检查，评估核电厂人因失误风险，发现防人因失误屏障的薄弱环节，有的放矢地加强监管，预防人因事件的发生。

第7章

核动力厂人误事件的 PSA 相关研究

本章研究统计了我国 D 核电厂 1、2 号机组和 Q 核电厂的状态报告、内部事件、运行事件中 A 类（始发事件前）和 B 类（引起始发事件的）人误事件相关信息，并统计其他核电厂运行事件中 B 类人误事件相关信息。最终得出 A、B 类事件的数据统计结果并给出了相关监管建议。

7.1　核电厂人误事件信息统计分析

7.1.1　有关背景

为落实《"十四五"风险指引型核安全监管工作试点实施计划》中人因可靠性数据相关要求，建立适用于国内核电厂概率安全分析（PSA）及人因相关改进的人因可靠性数据库，国家核安全局人因工作组人因可靠性技术组于 2023 年 11 月 23 日在苏州召开"核电厂人因可靠性数据库建设研讨会"，会议确定了国家核安全局人因可靠性数据库分批建设的总体方案、近期重点工作以及分工。计划 2023—2025 年建立 A 类（始发事件前）和 B 类（引起始发事件的）人因可靠性数据库。

核与辐射安全中心分析研究统计了 D 核电厂 1、2 号机组和 Q 核电厂的状态报告、内部事件、运行事件中 A 类（始发事件前）和 B 类（引起始发事件的）人误事件相关信息，汇总苏州核安全中心及上海核安全中心统计信息，并统计其他核电厂运行事件中 B 类人误事件相关信息。项目团队历经 3 个月（2023 年 12 月—2024 年 2 月）的时间，对 Q 核电厂和 D 核电厂事件/状态报告以及国内运行事件中的人因数据进行采集，开展了初步的分析，确认了初步的人员失误类型，形成了 Q 和 D 核电厂 A 类人误事件清单和国内 B 类人误事件清单。

本章给出了 A 类和 B 类人误数据的采集方法，Q、D 两试点核电厂 A 类数据采集过程和结果，B 类数据采集过程及主要结果和主要结论。

7.1.2　A 类人误数据采集方法

A 类人误的定义是指核电厂在维护、校验、测试安全相关的仪器、设备工作中，导致设备或系统处于潜在失效状态的人因失误，它们影响到安全系统需要投入运行时的可用性。

A 类数据采集方法和流程如下：

（1）获取核电厂统计年限期间的人因相关数据清单

首先，根据核电厂记录事件或偏差的数据系统情况，对核电厂可能包含 A 类人因数据的文件进行全面梳理，获得原始人因相关数据清单。这些文件一般包括运行事件报告、内部事件报告、状态报告等，不同电厂可能略有不同。

D 核电厂 1 号机组自 1992 年装料以来，截至 2023 年 12 月，D 核电厂共发生的 923 起人因相关的内/外部运行事件（IOE/LOE）。有电子化记录以来（2008—2023 年），收集到 19 409 起因内部偏差而编写的状态报告（NG/NC）的详细报告。

Q 核电厂主要以状态报告形式对发生的电厂各类情况进行记录，其中在状态报告分类中采用具体数据项对"人因"相关的状态报告单独记录。Q 核电厂按照事件后果的严重程度采用 A、B、C、D 四个等级对状态报告进行分级，其中 A 级和 B 级纳入内部事件管理（IOE）。因此，对所有的人因状态报告进行梳理，可以涵盖电厂在此期间发生且上报的人因事件。对有电子化记录以来（2009 年至 2023 年）状态报告进行统计，获取 361 条"人因"相关的状态报告。上述报告构成了 A 类人因相关数据的初始清单。

（2）对初始人因数据清单筛选分析

因核电厂状态报告开发的并非针对 PSA 或者 HRA 定量计算，因此报告中包含了大量与人误无关的信息，需要进行筛选和识别。具体筛选时需要根据 A 类人员失误事件的定义，筛选出所要采集的 A 类人误事件清单。

首先，进行初步筛选，筛选掉与人员失误完全不相关的事件/状态报告。这一步主要取决于核电厂是否将"人因"进行了单独分类。Q 核电厂由于对人因进行了初步分类，只需在 361 条"人因"相关的状态报告以及 LOE 基础上分析即可。D 核电厂需要在 923 起 IOE/LOE 以及 19 409 起 NG/NC 清单上筛选。其次，进一步筛选分析，确认是否与人误事件定义一致，保留疑似的 A 类人员失误相关的事件/状态报告。最后，以团队讨论和专家审查的方式，对疑似的人误事件相关报告进行详细分析，确认该行为是否导致设备处于潜在的失效状态，筛选出最后的 A 类人误报告清单。

（3）汇总筛选结果

为方便开展后续的行业数据分析，给出 A 类人误事件的详细信息，包括简要描述、后果、原因分析、失误类型、所归属的系统、具体设备等。

7.1.3　B 类人误数据采集方法

B 类人误是指由人的行为直接引发或再结合设备失效导致始发事件的人员行为。本节主要给出 B 类人误数据的采集方法和过程。采集过程主要包括获取全国核电厂运行事件信息、制定人误事件筛选原则、开展人误事件筛选和人员失误类型初步分析等。

（1）获取全国核电厂运行事件详细信息

运行事件为 B 类人误数据分析提供了完整的清单。自 1991 年 Q 核电厂装料以来，截至 2023 年 12 月，国内共发生 1 099 起运行事件（LOE），项目团队收集了这些事件的详细信息。

（2）制定人误事件筛选原则，获取 B 类人误事件清单

1）人误事件筛选原则

为避免遗漏人误事件，充分发挥运行事件的价值，按照保守的筛选原则，对于人误事件的界定，分为 A 类、B 类和其他类。A 类为始发事件前人误事件，B 类为导致始发事件的人误事件，其他类为不属于 A 类和 B 类，但有经验反馈价值的人误事件，如装料前调试移交设备故障隐藏，装料后试验等活动引发的运行事件。装料前规程/程序类问题导致的运行后人误等。

2）运行事件后果分类

B 类人误事件分析另一个维度是导致始发事件，因此需要对运行事件的后果进行分析。为便于后续人误事件分析，运行事件后果初步分为可能导致始发事件的运行事件和其他类运行事件。

可能导致始发事件的运行事件清单是开展 B 类人误事件的基础，在筛选过程中按照保守处理的原则，分为以下始发事件类型：

- 停堆瞬态：导致停堆或控制棒动作；
- 丧失外电源：丧失主外电源、辅外电源；
- 丧失直流电：丧失一列及以上直流电；
- 丧失主给水：丧失一列及以上主给水；
- 丧失辅助给水：丧失一列及以上辅助给水；
- 丧失余排：丧失一列及以上余热排出系统；
- 一回路冷超压：一回路水实体状况下，误投安注等导致一回路超压；
- 维修 LOCA：维修导致的失水事故；

● 瞬态：未导致停堆，但导致一回路超温、超压或超功率。

其他类运行事件是后续 A 类始发事件分析的重点，包括安全相关设备不可用、安全相关设备动作、不满足规范等三类运行事件。

● 安全相关设备不可用主要是试验、维修等活动导致安全相关设备不可用，如 KIC 不可用等。

● 安全相关设备动作主要是在试验、维修等活动导致安全相关设备动作，如停堆工况下，安全壳隔离阀意外开启；非丧失外电源情况下，应急柴油机意外启动。

● 不满足规范：不属于前述两种类型的归入该类型后果，如试验周期超过技术规范要求等。

3）人误事件的筛选

按照拟定的人误事件筛选原则，运行事件后果类型，在全国核电厂运行事件基础上，初步筛选出 B 类人误事件清单。

（3）人误事件初步分析

为了对人误事件的失误原因进行挖掘，将筛选出的 B 类人误，按照 Rasmussen 的 SRK 三级行为模型，初步分为技能型、知识型、规则型三种模式，为监管和核电厂提供有价值的信息。

7.2　A 类数据采集结果

（1）Q 核电厂 A 类数据采集结果

Q 核电厂 A 类数据采集主要基于核电厂状态报告，从 2011 年有在线记录以来至 2023 年年底的状态报告中筛选出人因相关状态报告共 361 条。

经分析，筛选得到的 35 个 A 类人员行为中，所在状态报告为 IOE 报告的有 5 条，其余为 C/D 级状态报告，即非 IOE 状态报告。其中，与现有 PSA 模型直接相关的共有 3 起事件。"试验/维修后未恢复至初始状态"的 A 类行为共 3 条；"人员失误导致设备失效"的 A 类行为共 23 条；"人员失误导致校准/标定失误"的 A 类行为共 1 条；"人员失误导致设备处于错误状态"的 A 类行为共 8 条。需要注意的是，非 IOE 状态报告在本次筛选得到的 A 类人员行为中占比较大，在后续其他核电厂数据采集时有必要对人因相关的全范围状态报告进行梳理、筛选，避免遗漏 A 类人员行为。

（2）D 核电厂 A 类数据采集结果

通过对 D 核电厂截至 2023 年 12 月 923 起人因相关的内/外部运行事件（IOE/LOE），以及 2008—2023 年以来 19 409 起因内部偏差而编写的状态报告（NG/NC）进行层层筛选分析后，确认 A 类人员失误的事件共 82 个。

按照来源和年代进行统计，发现：①IOE/LOE 共有 48 起 A 类人误，其中 2000 年以前 10 年间发生 25 起，2001 年至今发生 23 起。②NC/NG 单共有 34 起 A 类人误，除 4 起发生在 2011—2015 年外，其余 30 起 A 类人误均发生在 2016—2023 年。这和广核从 2016 年开始关注人因失误小偏差从而对人因偏差进行大范围的详细追溯、记录的事实相吻合。③IOE/LOE、NC/NG 单发现的 A 类人误，涉及的系统均与安全有关，与现有 PSA 模型直接相关的共有 10 起事件。

按照失误模式进行统计，手动阀置于错误位置（包括忘开、忘关、误开、误关）50 个、气动阀/电动阀/安全阀配置错误 16 个、接线错误 9 个、其余失效模式 7 个。手动阀置于错误位置是 A 类人员失误模式中最为显著的失误模式。

此外，为便于后续开展 A 类人误恢复分析和经验反馈，本次分析还筛选出恢复动作失误的事件 37 个（不属于 A 类人误），其中日常检查失效 21 个、报警响应失效 12 个、监护失效 3 个、再鉴定失效。

7.3　B 类数据采集结果

通过对国内 1 099 个运行事件（LOE）的分析，初步筛选出 B 类人误事件 143 起。其中 D 核电厂共计 47 起，Q 核电厂共计 29 起，其余核电厂共计 67 起，停堆瞬态 109 个，非停堆其他瞬态事件 34 个。按照年代进行统计，1991—2000 年的 10 年共发生 58 起 B 类人误事件，2001—2023 年的 23 年共发生 85 起 B 类人误事件。按照初步分析的人员失误类型，各类型人误事件发生次数基本相当，具体见图 7-1。

按照发生频率进行统计分析，全国发生 B 类人误的频率为 0.24/堆年，Q 核电厂发生 B 类人误的频率为 0.88/堆年，D 核电厂为 0.78/堆年。按照年代进行统计，1991—2000 年 B 类人误事件发生频率高达 2.15/堆年，进入 21 世纪后，2001—2023 年 B 类人误事件发生频率降低为 0.15/堆年。按照始发事件类型，导致停堆瞬态的 B 类人误频率为 0.18/堆年，其余累计为 0.06/堆年（图 7-2）。

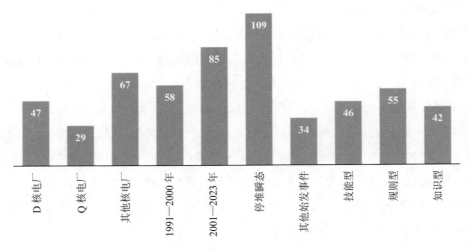

图 7-1   各类型 B 类人误发生次数

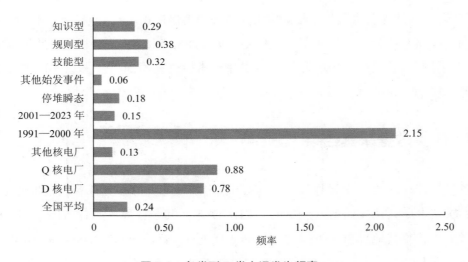

图 7-2   各类型 B 类人误发生频率

1991—2000 年，全国仅有 Q 核电厂和 D 核电厂在运行，发生的运行事件和 B 类人误较多，B 类人误发生频率极高。作为我国最早商运的核电厂，在核电厂建成调试阶段初期，由于操作人员运行经验的不足，以及个别设备的性能存在缺陷，运行事件的发生较为频繁。后续随着核电厂设备的维修改造、运行经验的积累，以及核安全文化的加强，进入 21 世纪，两电厂运行事件大幅度降低，与全国其他核电厂保持同一水平。

从失误类型来看，各类型人因失误的频率基本相当，但如走错隔间、误碰阀门的技能型失误，程序执行的规则型失误累计占比仍然高达 70%。核电厂需进一步加强程序执行和技能培训。

7.4　主要结论和建议

（1）主要结论

1）Q 核电厂共筛选出 35 个 A 类人误事件，涉及的系统均与安全有关，与现有 PSA 模型直接相关的共有 3 起事件，其中 30 个 A 类人误从 C/D 类状态报告中识别。

2）D 核电厂共筛选出 82 个 A 类人误事件，涉及的系统均与安全有关，与现有 PSA 模型直接相关的共有 10 起事件，其中 48 个源自 IOE/LOE，34 个源自偏差（NC/NG）报告。手动阀置于错误位置、接线错误为主要贡献。

3）国内运行事件共筛选出 143 条 B 类人误事件，大部分后果为停堆瞬态，人因失误类型主要为技能型和规则型，全国发生 B 类人误的频率为 0.24/堆年。

（2）建议

针对 A 类人误数据库建设，提出以下建议：

1）针对 A 类人因失误，需要对人误事件类型及失误机理进行研究和规范，便于挖掘 A 类人因失误数据的统计规律，支持 HRA 定量计算。

2）结合试点核电厂数据，研究如何将 A 类人误基础数据转换为各 A 类人因失误类别的失误概率。

3）持续开展各电厂 IOE/LOE 事件报告 A 类人误数据采集和分析工作，结合试点核电厂 A 类人误定量化情况，决定是否进一步开展偏差（NC/NG）等状态报告的 A 类人误数据采集工作。

针对 B 类人误数据库建设，提出以下建议：

1）持续开展各核电厂 LOE 事件报告的 B 类人误数据采集工作。

2）明确 B 类人误分析边界，进一步制定详细的筛选原则和规范，对现有初步的 B 类人误事件清单进一步分析。

3）结合核电厂运行事件报告，采用常用的 HRA 方法，开展 B 类人误的失误机理研究和分析。

第 8 章

基于 SPAR-H 方法对某核电厂人因事件进行的人因失误定量化分析

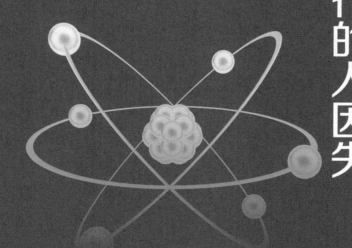

2023 年 1 月 11 日，某核电站 5 号机组处于功率运行 RP 模式。运行三部学员对主给水隔离阀的阀门结构包括限位开关位置进行观察学习，在使用手电观察限位开关的过程中误碰到关限位开关。误碰导致主给水隔离阀门自动关闭。随即由于一号蒸汽发生器（SG）水位低叠加上汽水失配信号触发反应堆自动停堆。本章将使用 SPAR-H 方法，对该事件涉及的人员绩效形成因子 PSF 开发定量化分析，进一步假设与比对各针对性的纠正行动得到落实后的人员可靠性分析结果，并采用不同的人员可靠性分析方法对事件进行分析与对比，从而为营运单位制定更加有针对性的纠正行动提出改进建议。

8.1　背景介绍

2023 年 1 月 11 日中班，某核电厂 5 号机组处于反应堆功率运行模式（RP 模式）。运行三部学员对 ARE043VL 的阀门结构包括限位开关（SM）位置（非巡视内容）进行观察学习，在使用手电观察限位开关的过程中误碰到 SM5。误碰限位开关导致 ARE043VL 阀门意外关闭，因 1 号 SG 水位低叠加汽水失配信号导致自动停堆。该学员发现误碰后第一时间向值长进行了汇报。操纵员立即执行 SOP（基于状态导向法）程序控制机组。同日，在机组满足运行技术规范要求且各项参数稳定后，按照要求退出 SOP 程序，机组进入正常运行状态。

（1）现场情况

主蒸汽隔离阀关限位开关现场照片见图 8-1。

图 8-1　ARE043VL SM5 现场布置

因现场学员当前正在学习二回路水系统，对巡检要求以外内容 ARE043VL 阀门结构及其 SM3/5/7 限位开关进行观察学习。因光线较暗、位置较低且有防护挡板，现场学员将头探入围栏内，用手电筒观察 SM3/5/7 限位开关的现场标识。观察过程中发现 ARE043VL 开始关闭，意识到可能是自己误碰的原因，立即撤离阀门区域，因附近没有固定电话，现场学员立即返回主控汇报。

（2）人员情况介绍

现场学员：2022 届新员工，已完成入厂培训及 OJT100（现场熟悉）/101（BOP 常规岛外围系统Ⅰ级培训），正在进行 OJT102（二回路水系统Ⅰ级培训）学习。

现场主管：2019 届员工，中级现场操作员（一级）授权。

（3）事件原因分析

事件原因分析方面，营运单位使用原因因素图法对事件进行根本原因分析得出：

直接原因：现场学员现场学习过程中误碰 ARE043VL-SM5（1 号蒸汽发生器主蒸汽隔离阀关限位开关）。

根本原因：对关键敏感设备管理不足，未开展相关培训；防误触管理不足，未评估防误碰措施有效性。

促成原因：新员工管理存在不足，未遵守程序管理要求独自现场巡视。

8.2　不同人员可靠性分析方法对比

8.2.1　SACADA 方法

利用 SACADA 数据库的失误模式判定方法对本事件的失效点开展分析确定各失效点的人因失误模式、失误的影响因素及可能原因见表 8-1。

由表 8-1 可知，本书认为本次人因事件可以开展以下建议行动：

1）开展调研掌握日常生产与人员配置情况，开发管理工具，根据实时情况合理分配现场负责人带新员工现场教学和日常生产工作发生交互后的人员配置问题。

2）开发现场员工定位工具，工具与新员工 ID 及履历对接，当定位发现学员存在独自在现场情况下员工定位器及管理终端发出报警予以警示。

3）优化 ARE043VL 防误碰挡板设计，使挡板的设计功能在防止随机性误碰风险的同时，也能兼顾 ARE043VLSM5 凸轮、现场标识及设备结构相较现在更为易于观察。

表 8-1　人因失误分析

失效点	失误模式	总体情景因子	特定外部影响因素	原因
区域主管留下新员工独自在现场，并且新员工独自到现场学习	不充分的监督	工作量：并发需求（一名班组成员有自己的任务且无支援） 允许时间：时间非常充裕 沟通程度：正常的沟通 其他：无		• 多重任务需求 • 不良习惯的影响 • 过度的信任
新员工误碰 ARE043VL 关限位开关	监视	工作量：正常 允许时间：时间非常充裕 沟通程度：正常的沟通 其他：无	搜索模式：随机性检查/意识 易识别程度：不易识别	• 知识短缺或思维模式错误 • 现场防误碰遮挡设计不合理
	操作	工作量：正常 允许时间：时间非常充裕 沟通程度：正常的沟通 其他：无	任务类型：简单的、单独的操作 位置：现场 行为指引：STAR 操作可恢复性："大力"恢复 其他：无	• 未进行停止、思考、行动和审查

4）针对学员现场观察学习内容，梳理学员学习过程中的关键敏感区域，并针对关键敏感区域的观察学习编制图文并茂程序性的观察学习教材，将随机、主观性的观察学习行为转变为程序性的行为。

8.2.2　CBDTM+HCR+THERP 方法

对本事件进行回溯分析，结合 CBDTM+HCR+THERP 方法，识别该事件核电厂信息、失误模式特征结果，如表 8-2 所示。

（1）CBDTM 方法

通过回溯分析发现，CBDTM 方法更适用于主控室内的人员行为，无法很好地评价当前事件中操纵员在现场的认知方面的可靠性。

（2）HCR 方法

由于本事件人员行为的允许时间十分充裕，故通过使用 HCR 方法开展定量评价获得的该人员行为认知方面的可靠性极高，其失误率可忽略不计。

表 8-2　失误模式特征结果

CBDTM		HCR		THERP	
信息获取情况	主控室无法获取信息	时间窗口	时间非常充足	失误模式	误触发某个控制装置
信息监视情况	不适用	失误模式	程序型失误：未能遵守管理要求独自现场学习 知识型失误：对观察阀门结构及其限位开关的位置知识储备不足		
数据误读/误解的情况	不适用				
信息有误导性的情况	不适用				
遗漏规程中步骤的情况	不适用				
误解指令的情况	不适用				
误解决策逻辑的情况	不适用				
故意违反规程的情况	不适用				

（3）THERP 方法

通过查询 NUREG-1278 的 THERP 方法表格 20-12 确认"误触发某个控制装置"的人员失误基础率为 0.001，但由于 THERP 方法在业内普遍定量化考虑的 PSF 通常只有"压力"，而对于本事件的压力处于名义级，故无法很好地反映本次事件中新员工、没有程序指引的现场自学、现场防误碰挡板人机交互设计不佳等情况对于人员可靠性的影响。

8.3　使用 SPAR-H 方法对事件进行定量化分析

8.3.1　SPAR-H 方法

1994 年，ASP（Accident Sequence Precursor）由美国 NRC 和爱德华国家实验室共同创新了一种被命名为 SPAR-H 的人员可靠性分析方法（Standardized Plant Analysis Risk Human Reliability Analysis，HRA）。然后在 2002 年，他们进一步对这种方法进行了优化，针对低功率/停堆模式以及功率运行模式进行了全面分析，同时分别构建了 2 个独立的 HRA 评估模型。

SPAR-H 方法是利用诊断和操作两个层面分析人因可靠性的重要方式。首先，该方法通过全方位分析诊断和操作中的失误；其次，以权值的形式通过量化分析研究了 8 个维度的人员绩效影响因子（PSF）的效果。其中，这 8 个维度的 PSF 依次为：有效工作时间、经验与培训、压力/紧张感、程序、工作适应能力、复杂程度、人机交互接口以及工作概况。最后，SPAR-H 会根据具体事件的相关分析依次确定这 8 个维度 PSF 值后，把其分别与诊断或操作失误率相乘。这里面诊断失误率为 1%，操作失误率为 1‰。

人员可靠性失误率计算公式为：

$$P = P_\text{d} + P_\text{a}$$

式中：P_d —— 诊断失误率；

P_a —— 操作失误率。

二者的量化公式依次为：

$$P_\text{d} = 0.01 \times \prod_{i=1}^{8} \text{PSF}_i$$

$$P_\text{a} = 0.001 \times \prod_{i=1}^{8} \text{PSF}_i$$

假如 $P_\text{d} \geqslant 1$ 或 $P_\text{a} \geqslant 1$，须按照以下公式进行修正：

$$P_\text{d} = \frac{0.01 \times \prod\limits_{i=1}^{8} \text{PSF}_i}{0.01 \times \left(\prod\limits_{i=1}^{8} \text{PSF}_i - 1 \right) + 1}$$

$$P_\text{a} = \frac{0.001 \times \prod\limits_{i=1}^{8} \text{PSF}_i}{0.001 \times \left(\prod\limits_{i=1}^{8} \text{PSF}_i - 1 \right) + 1}$$

8.3.2　回溯分析

人员失效点：①区域主管留下新员工独自在现场；②新员工独自到现场学习；③新员工误碰 ARE043VL 关限位开关。

对本事件进行回溯分析，结合 SPAR-H 方法，识别该事件中诊断、操作失误模式各绩效形成因子的特征结果见表 8-3。

表 8-3　绩效形成因子特征结果

PSF	诊断	说明	操作	说明
有效工作时间	非常充足	NA	非常充足	NA
经验与培训	少于 6 个月培训	学员在现场未开展过关键敏感区域的专项培训	少于 6 个月培训	学员在现场未开展过关键敏感区域的专项培训

PSF	诊断	说明	操作	说明
压力/紧张感	一般紧张	NA	一般紧张	NA
程序	没有可用程序	学员单独在现场观察学习的行为随机，缺乏程序指引	没有可用程序	学员单独在现场观察学习的行为随机，缺乏程序指引
工作适应能力	一般	NA	一般	NA
复杂程度	一般复杂	NA	一般复杂	NA
人机交互接口	较差	防误碰挡板防止了一部分误碰风险，但挡板设计却给观察限位开关及标识的人机交互带来了负面影响	一般	NA
工作情况	较差	临时多重任务；不允许新员工独自在现场的管理要求落实不足；新员工未遵守管理要求	较差	临时多重任务；不允许新员工独自在现场的管理要求落实不足；新员工未遵守管理要求

注：NA 代表不适用，下同。

8.3.3 误差因子的确定

PSA 人误事件中的不确定性分析主要是要给出每个人误事件的估计值及其误差因子（EF）或不确定性边界。

具体地讲，在本分析中，误差因子是按以下原则确定的：

SPAR-H 方法中采用 CNI 分布描述人误事件的不确定性，CNI 是一个单参数（均值）分布。一旦知道了 HEP 的均值，分析人员就可以确定一个以 β 分布为基础的近似分布，该分布由 α 和 β 两个参数构成。在计算得到人误事件失误率后，首先查表确定 α 数值，再计算得到 β 数值。

其中，确定 α 的数据表参见相关文献资料。

β 计算公式如下：

$$\beta = \frac{\alpha(1-\mathrm{HEP})}{\mathrm{HEP}}$$

8.3.4 计算结果

根据对本次事件回溯分析的定性结果，结合 SPAR-H 方法，选取 PSF 取值开展定量化后的人因可靠性分析（表 8-4）。

表 8-4　事件回溯的 SPAR-H 计算结果

诊断失误率 P_d 评价			操作失误率 P_a 评价		
诊断 PSF	取值		操作 PSF		取值
有效工作时间	0.01		有效工作时间		0.01
经验与培训	10		经验与培训		3
压力/紧张感	1		压力/紧张感		1
程序	50		程序		50
工作适应能力	1		工作适应能力		1
复杂程度	1		复杂程度		1
人机交互接口	10		人机交互接口		1
工作情况	2		工作情况		5
诊断失误率 P_d	1		操作失误率 P_a		0.007 5
修正后的诊断失误率 P_d	0.503		修正后的操作失误率 P_a		NA
人员差错率			$P=P_d+P_a=0.511$		
相关事件	NA	相关性程度	NA	考虑相关性后的失误率 P	NA
不确定性参数		$\alpha=0.4$		$\beta=\dfrac{\alpha(1-P)}{P}=0.383$	

如果通过优化现场挡板设计使人机交互接口达到名义级，则结果如表 8-5 所示。

表 8-5　优化人机交互接口后的计算结果

诊断失误率 P_d 评价			操作失误率 P_a 评价		
诊断 PSF	取值		操作 PSF		取值
有效工作时间	0.01		有效工作时间		0.01
经验与培训	10		经验与培训		3
压力/紧张感	1		压力/紧张感		1
程序	50		程序		50
工作适应能力	1		工作适应能力		1
复杂程度	1		复杂程度		1
人机交互接口	1		人机交互接口		1

诊断失误率 P_d 评价		操作失误率 P_a 评价	
工作情况	2	工作情况	5
诊断失误率 P_d	0.1	操作失误率 P_a	0.007 5
修正后的诊断失误率 P_d	NA	修正后的操作失误率 P_a	NA
人员差错率		$P=P_d+P_a=0.108$	
相关事件	NA	相关性程度　NA	考虑相关性后的失误率 P　NA
不确定性参数	$\alpha=0.4$	$\beta=\dfrac{\alpha(1-P)}{P}=3.3$	

如果能够切实地保证新员工遵守程序，或者有非常具体的程序指引新员工开展现场学习工作，则结果见表 8-6。

表 8-6　完善程序后的计算结果

诊断失误率 P_d 评价		操作失误率 P_a 评价	
诊断 PSF	取值	操作 PSF	取值
有效工作时间	0.01	有效工作时间	0.01
经验与培训	10	经验与培训	3
压力/紧张感	1	压力/紧张感	1
程序	1	程序	1
工作适应能力	1	工作适应能力	1
复杂程度	1	复杂程度	1
人机交互接口	10	人机交互接口	1
工作情况	2	工作情况	5
诊断失误率 P_d	0.02	操作失误概 P_a	1.5×10^{-4}
修正后的诊断失误率 P_d	NA	修正后的操作失误率 P_a	NA
人员差错率		$P=P_d+P_a=2.02\times10^{-2}$	
相关事件	NA	相关性程度　NA	考虑相关性后的失误率 P　NA
不确定性参数	$\alpha=0.4$	$\beta=\dfrac{\alpha(1-P)}{P}=0.6$	

如果能够确实地落实好新员工有人监护开展现场学习工作，则结果见表 8-7。

表 8-7　实施监护后的计算结果

诊断失误率 P_d 评价		操作失误率 P_a 评价	
诊断 PSF	取值	操作 PSF	取值
有效工作时间	0.01	有效工作时间	0.01
经验与培训	10	经验与培训	3
压力/紧张感	1	压力/紧张感	1
程序	50	程序	50
工作适应能力	1	工作适应能力	1
复杂程度	1	复杂程度	1
人机交互接口	10	人机交互接口	1
工作情况	1	工作情况	1
诊断失误率 P_d	0.5	操作失误率 P_a	1.5×10^{-3}
修正后的诊断失误率 P_d	NA	修正后的操作失误率 P_a	NA
人员差错率	$P=P_d+P_a=0.502$		
相关事件　NA	相关性程度　NA	考虑相关性后的失误率 P	NA
不确定性参数　　$\alpha=0.4$		$\beta=\dfrac{\alpha(1-P)}{P}=0.397$	

如果这些改进活动都能确切地落实，使各 PSF 达到名义级，则结果见表 8-8。

表 8-8　完成全部纠正行动后的计算结果

诊断失误率 P_d 评价		操作失误率 P_a 评价	
诊断 PSF	取值	操作 PSF	取值
有效工作时间	0.01	有效工作时间	0.01
经验与培训	10	经验与培训	3
压力/紧张感	1	压力/紧张感	1
程序	1	程序	1
工作适应能力	1	工作适应能力	1
复杂程度	1	复杂程度	1

诊断失误率 P_d 评价		操作失误率 P_a 评价	
人机交互接口	1	人机交互接口	1
工作情况	1	工作情况	1
诊断失误率 P_d	1×10^{-3}	操作失误率 P_a	5×10^{-3}
修正后的诊断失误率 P_d	NA	修正后的操作失误率 P_a	NA
人员差错率		$P=P_d+P_a=1.05\times10^{-3}$	
相关事件	NA 相关性程度 NA	考虑相关性后的失误率 P	NA
不确定性参数	$\alpha=0.499$	$\beta=\dfrac{\alpha(1-P)}{P}=474.74$	

8.3.5　纠正行动优化改进结论

通过使用 SPAR-H 方法对本事件涉及的 PSF 开发定量化分析并假设各针对性的纠正行动得到落实，由人员可靠性分析结果可知，若营运单位是处于对于员工现场学习监护管理失效、现场设备交互情况不佳、员工现场学习缺少具体的指导性程序的情况，那此类事件的人员可靠性为 0.511；若针对现场防误碰挡板人-机交互不佳的情况开展了有效的改进行动则其人员可靠性可以提升 4.7 倍；若能够开发非常具体的程序，程序中能够清晰地标注出现场敏感区域的图文情况，并能够警示新老员工这类区域存在的误碰风险，有限地指引员工开展现场学习工作且新老员工能够切实地遵照程序进行学习的情况下，则其人员可靠性可提升 25.3 倍；若能够很好地落实员工不能独自现场学习的管理规定的情况下，经计算，表 8-4 和表 8-7 中 P，即（0.511−0.502）/0.511≈2%，人员可靠性可提升约 2%；若这些改进活动均能切实地落实下去，则可提升人员可靠性 486 倍，其可靠性将得到有效保障。

8.4　主要结论与建议

1）使用 SPAR-H 等方法，对人因事件进行更加深入的分析与回溯，得出结论，并可以据此采取更加有针对性的纠正行动。建议推广，并在报告规定或指南升版时或其他层级文件中，对营运单位提出使用 HRA 的方法进行人因事件分析的要求。

2）营运单位应加强 SM5 误碰导致阀门关闭的逻辑修改的后续跟踪，并梳理其他设备是否存在类似逻辑缺陷。

3）营运单位应定期梳理电厂敏感区域关键敏感设备，并增加隔离防误碰措施，制定巡检要求。

4）营运单位应加强关键敏感设备人员误碰同类型事件的经验反馈，进行重发事件的原因分析，加强全员防误碰、敏感区域关键敏感设备的培训教育。

5）营运单位应及时修订运行值人员行为规范管理程序，加强现场操作员行为规范管理，合理安排当班值人员工作任务及地点，杜绝新员工独自在现场此类事件再次发生。

第9章

人员绩效指标

本章介绍 INPO 开发的人员绩效指标体系，为我国核动力厂开展人员绩效指标和人因失误管理提供一种行业普遍认可的方法，不断提升核动力厂人员可靠性和人因管理水平。

9.1　背景介绍

为追踪、预测和沟通核电厂人员绩效（HU）提供一整套一般惯例，INPO 开发了一套人员绩效指标体系。其描述了在商业核电行业用以监控和改善人员绩效标准的常用方法。

该指标体系主要受众为核电厂和公司的人员绩效参与者以及核电厂管理者，以供他们在其影响范围中监控和改善人员绩效。该体系内事件的判定标准和方法反映了 INPO 成员以及 WANO 亚特兰大中心选定成员的多年经验。INPO 08-004 第二版包含了修订的现场和部门无事件时清零标准以反映从原来清零标准中获得的经验教训。

追求卓越是促进安全和可靠性的最高水平。卓越意味着将你的实践与你的潜能最好地相匹配。卓越的质量是一个持续不断的追求，一种思维和行动的习惯，以及每天追求核电厂行为高标准。如果卓越的价值存在于核电厂的文化，这样的组织机构将找到改善自己的方法。本章提供了各种测量核电厂人员绩效并评估人员绩效趋势的方法，为核电厂人员绩效提供持续改善。

关键指标和辅助指标都是常见的用于确定预防事件的电厂人员绩效程序有效性的衡量指标。这些指标也能够为行业内所有应用该良好习惯做法的核电厂提供人员绩效信息比较。这些指标包括现场和补充的现场人员，以确定核电厂人员绩效事件率、最近 6 起事件之间的平均间隔天数、最近一次事件至今的天数以及事件与事件之间相隔的最长天数。

本章所提的良好习惯做法各项指标，应具有以下特点：

- 客观并且不易被操纵；
- 量化；
- 当前可用；
- 简单易被理解。

重大事件是指组织上的失效。因此，核电厂和部门人员行为无事件日指标和数据趋势的真正价值在于指示整个机构行为和理解是否有偏差的能力。同时，每次故障之间也预测了设备可靠性的趋势。人员绩效也可以用类似方法监控。每次事件清零之间平均天数的趋势研究可以显示核电厂是否对人员绩效提供足够的支持。超过核电厂清零标准阈值的严重后果发生前，必定有数次防御措施的失败。

符合核电厂和部门人员绩效无事件日清零标准的事件均被调查，其趋势也被监控和研究。每次清零之间平均天数增加的趋势是人员绩效改善的标志。如果数据上有效显示每次清零之间平均天数减少，应认为人员绩效趋于不良需要检视并调查。与人员行为无事件日清零相关联的目标应是最小化对每次清零间绝对天数的依赖。因为人类天生就是有错误的，即使最好的人也会犯错误，核电厂和部门人员绩效无事件日清零的恰当目标应集中在清零趋势的研究。同时，汇报从上一次清零起的天数和当前的平均天数，能更好地沟通核电厂的进步。

在假设核电厂和核电厂间使用相同清零标准的情况下，核电厂和部门人员绩效无事件日标准能有效地将站与站之间做比较。为了最小化主观性，标准尽可能多地使用了由人员绩效引发的自我揭露性事件以及和工厂的物理结构、系统和组成所相关的事件。

核电厂的各部门使用部门人员绩效无事件日清零标准来监控组织结构中的薄弱环节。这些标准设置的阈值小于核电厂人员绩效无事件日清零标准，但严格到足以揭示定期在部门层面发生的漏洞（潜伏条件）。揭示部门漏洞并纠正这些漏洞能帮助减少核电厂人员绩效无事件日清零。

良好习惯做法描述的人员行为无事件日流程应保留作为一种学习工具，用以帮助不断地改进人员绩效。但如果将设置数值目标与个人和团体奖励及奖金计划捆绑，则会威胁到这一流程作为学习工具的有效性。如核电厂文化必须要求设定目标，应考虑将事件率的改善趋势和最近 6 起事件间平均间隔天数的改善趋势作为目标，这样有助于维持流程的有效性和完整性。

人员绩效无事件日流程的目的在于为其他记录和分析事件、行为的流程提供补充，例如纠正行为程序、自我评估程序和管理层观察程序。

9.2　使用范围

本良好实践做法建立了核电厂人员绩效无事件日清零的标准（附录 A）以及部门人员绩效无事件日清零的标准（附录 B）。此外，本书还描述了四个无事件日指标：事件率、最近 6 起事件间平均间隔天数、最近一次事件至今的天数以及事件与事件之间相隔的最长天数。

清零标准可在工作人员级别开发，用以追踪和比较员工绩效。为鼓励不断改善人员绩效，可沟通特定的清零和趋势。沟通中应考虑目标受众、语调和沟通方法（如停工、会后会、平板显示器、停止信号灯和地点）。常见的沟通方法将在本良好实践做法中详述。

良好实践做法的设计，在短期内可作为一种学习工具，而其长期目标应是不断推进人员绩效改善。清零的目的应用于行为改善。其他的核电厂程序被设计用以应对不同程度的个人和集体行为及责任，例如纠正性行为程序、核电厂停工流程以及渐进的纪律处分流程。本良好实践做法设计的初衷并不取代任何现存的流程，相反，作为一部独立的实践做法，它能促进不断改善人员绩效。

无事件日清零率可在特定活动中被确定，例如燃料补给中断或维护中断，并能与最近类似活动相比较。

我们通常不推荐管理层全权决定的核电厂无事件日标准清零。核电厂通常有其他方法手段用以追踪和沟通行业安全问题或其他不符合核电厂人员绩效无事件日清零标准的核电厂事件。如果使用管理层全权决定的核电厂时钟重置，这样的核电厂时钟重置不应向 INPO 汇报。然而，这样的清零如符合清零标准应作为部门时钟清零向 INPO 汇报。

迅速的决定和沟通对帮助预防类似事件在下一阶段的发生非常重要。应调查事件的原因，以确定某特定事件是否符合核电厂或部门人员绩效无事件日清零标准。在大多数情况下，应对清零持保守态度，以能及时尽快通知工厂人员。清零的沟通方案应包括对人员绩效实践或方法的详细描述，如使用了这样的实践或方法可防止事件的发生。如果进一步的调查显示事件不符合清零标准或确认了已存在可预防事件发生的额外的人员绩效实践，清零的沟通可被收回或修改。

9.3　绩效指标

绩效（HU）指标的开发使用了以下关系（图 9-1）。

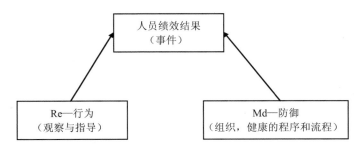

图 9-1　绩效（HU）指标结构示意

$$Re+Md\rightarrow\O E$$

减少错误+管理预防性措施=无事件

行为（Re）和防御（Md）是两个用于确认人员绩效表现趋势潜在贡献因素的诊断指标。这两个专业术语的定义以及其他术语和短语的定义将在附录 C 中给出。

人员的错误往往发生在不合适的时间。工厂设备、工作流程和实践、企业文化、监控流程等均可能包含隐藏的瑕疵或潜在可能伤害个人、工厂或财产的条件。现存的一些流程和实践做法可用以帮助确立造成工厂防御漏洞的潜在条件，这些流程和实践做法在本书中未加讨论，可参考下列文件：

- INPO 15-008，实现高层次的员工可靠性，2005 年 7 月
- INPO 15-005，领导和团队的有效性属性，2015 年 5 月
- INPO 14-004，绩效改善行为，2014 年 10 月
- INPO 12-012，健康核安全文化的特点，第 1 版，2013 年 4 月

人员绩效指标

人员绩效关键行为指标包括以下要素：

（1）电厂事件（核电厂人员绩效无事件日指标）

事件率：指每 200 000 名员工工作小时（包括现场补充工作人员）的 18 个月移动平均人员绩效事件发生数。通常在燃料补给中断时（RFOs），事件发生频率较高。使用 18 个月为一个阶段，对大多数核电厂来说，通常能遇到至少一次 RFO。这是反映一段时间中符合人员绩效无事件日清零标准人员绩效事件的核电厂行为改善或后退的主要指标。

以下指标主要用于传达当前核电厂人员绩效。这些指标的传达可采用多种方式。使这些指标可见的目的是激励员工合适地应用误差减少工具，以获得持续的行为改进。

①最近 6 起事件的平均间隔天数：当这一数据与当前事件与事件间相隔天数比较时，核电厂工作人员马上就能看出当前表现是否好于平均表现（这一指标用于反映核电厂内绩效）。

②（在过去 18 个月中）事件与事件间最长的间隔天数：这一指标反映了过去 18 个月的最好表现。当这一数据与最近一次事件发生至今的天数相比较时，核电厂工作人员能确认当前表现水平与最好表现相比的差距。

③最近一次事件发生至今的天数：核电厂工作人员获悉当前人员绩效表现水平，能使其认识到与最近的过去相比，核电厂是否改进或是落后。最近一次事件发生至今的天数和最近 6 起事件的平均间隔天数的比较，以及和最好表现数据的比较，能很好地反映

当前的表现状态。

避免以下这些冒险实践做法：

- 使用绝对值作为目标；但不包括使用改善的平均数或改善的趋势作为目标。
- 不适当地过分强调个人或工作集体触发事件清零的失误。
- 不沟通平均趋势及其含义。
- 对非人员绩效相关事件作出清零决定。
- 使用主观标准。
- 使用部门或核电厂人员绩效无事件日指标作为个人业绩考评指标。
- 不调查事件发生的原因，潜在漏洞和对组织机构的经验教训。

（2）计算

$$事件率=\left[\frac{符合电厂清零标准的事件数量（在过去18个月中）\times 20\,000}{在过去18个月中，工人工作小时总数（包括辅助工人）}\right]$$

最近 6 起电厂清零事件之间平均间隔天数=

$$\left[\frac{\begin{array}{l}最近一起电厂人员绩效无事件日清零的日期（符合清零标准）-\\最近6起电厂人员绩效无事件日清零的第一起事件的日期\end{array}}{5}\right]$$

（3）沟通

核电厂和部门人员绩效无事件日的清零应在事件后尽快沟通。通常会使用颜色编码的人员绩效无事件日清零简表，包含以下信息：

- 事件日期。
- 事件描述。
- 引起清零的核电厂或部门人员绩效无事件日清零标准。
- 事件是如何发生的（如组织上的不足或错误的前兆导致事件的发生）。
- 事件本来如何可以被预防。记住，事件的发生在于一个团队而不是一个个人的行为(如有缺陷或缺失的组织障碍/防御，或错过了使用适当 HU 行为以防止事件的机会)。
- 习得的经验教训（如在合适的时候为确保成功使用特定工具和行动所进行的考虑和采取的行动）。
- 纠正措施。
- 临时的纠正措施。

- 核电厂或部门时钟状态（最近一次清零，最长的运行，等等）。

这些简报会被发送到整个组织或团队。典型的例子为在核电厂内与团队的其他维护部门分享一个维护部门的清零简表。简表可通过电子邮件向相关小组发送，并在车间简会、晨会、员工更新会议和每日计划会议上进行讨论。

很多公司使用以下方法进行信息沟通：

- 公司内部网：在公司网站和状态日志中显示公司内部清零。过去清零的清单和表格，以及历史信息，均在网站上保持更新。

- 平板电视机或电视显示器：一些核电厂使用平板电视机连续循环播放幻灯片演示，这些演示包括最新的核电厂或部门清零以及时钟状态，也就是自从最近清零开始的天数、最长天数等。

- 滚动字幕或交通信息板：通常情况下，这些信息板在停车场或主干道很常见。

- 交通信号灯或停止信号灯：通常这样使用这些设备，在核电厂清零情况下红灯亮，在部门清零情况下黄灯亮。

- 旗：红旗或黄旗，与停止信号灯相似，用以向工作人员警告清零发生。

- 安全爆炸物探测器：一些核电厂安装了这样的探测器，这些探测器需要工人暂停几秒，因为使用喷出的空气来探测爆炸物。这些喷射机器有能力在等待时播放记录的信息，这些信息能通知工作人员电厂或部门清零。

- 倒数或正数的时钟：通常，核电厂使用倒数的时钟提示即将开始的停机中断，核电厂和部门使用正数的时钟提示自最近一次清零事件开始持续积极的时间趋势。

- 字母数字传呼：向团体中的特定个人发送文字信息，告知核电厂时钟清零。

附录

附录 A　核电厂人员绩效无事件日清零标准

核电厂人员绩效无事件日（EFD）清零定义：附表 A-1 中描述的事件或情况，作为以下任一情况的结果而发生：

- 一个个人或一群个人的触发行为（Re）（活动性错误导致的事件）。
- 一个个人或一群个人根据计划执行（Md）而造成的触发行为（并非错误）（由于过去 18 个月中制定的防御机制带有瑕疵或潜在系统漏洞而造成的事件）。

附表 A-1　核电厂人员绩效无事件日（EFD）清零标准

编号	描述
1	核安全 a. 在任何级别的现场应急计划项目申报。 b. 意想不到的模式改变。 c. 意外/计划外的反应性变化大于或等于 3% 的功率。 d. 计划外的技术规范规定的关机行动，时长小于或等于 72 h。 e. 损坏的或错误放置的辐照燃料棒束。 f. 意外地增加到两个最高在线或关机风险阈值颜色/数值。 g. 对安全相关系统结构或组件的错误操作、错误放置或不适当的配置，造成这些系统结构或组件在被要求缓解风险时不能执行其应有的功能。 h. 在反应堆核心或乏燃料池中的辐射燃料组件所有冷却意外失效
2	放射安全 a. 在保护区外放射性物质的损失，从距离该材料 30 cm 处产生一个可测量的剂量率。 b. 根据 NEI 99-02，监管评估绩效指标指引，规定的任何辐射发生所造成的 NRC 绩效指标影响，如下： • 高辐射区域（大于 1 rem/h） • 非常高的辐射区域 • 意外辐射暴露 c. 任何放射性废水技术规范或非现场剂量计算手册规定的废水泄漏事件的发生。 d. 任何 10 CFR 20，防辐射保护标准，M 章节-报告 20.2201，20.2202，或 20.2203 所规定的报告
3	行业安全 与职业相关的死亡事件，时间损失的事故或由于受限制的职责造成的人身伤害

编号	描述
4	**核电厂运行** a. 对设备的错误操作、错误放置或不适当配置导致电力减产大于或等于 10%。 b. 意外的或计划外的反应堆跳闸或汽轮机跳闸。 c. 开关、标记或组件错误导致发生以下情况： • 在工作地点发现意外能量，这样的意外能量可能导致人员伤害或设备损坏，除非在计划的零能量检测中检测到这样的意外能量。 • 在没有充足设备保护或人员保护的情况下开展工作。 d. 结构系统组件损害或后果超过 250 000 美元。 e. 损坏的新燃料棒束。 f. 一个单一事件导致停机延长大于或等于 3 d（72 h）
5	**监管事件** a. 未遵守国家污染排放消除系统（NPDES），职业安全和健康管理（OSHA），或环境保护局等条例规定，需要在 30 d 之内报告。 b. 根据 10CFR73.71 的安全报告（不包括可记录事件）。 c. 根据 10CFR50.72，（b）（3）（v）部分到（b）（3）（xiii）部分的报告，或根据 10CFR50.73，（a）（2）（v）部分到（a）（2）（x）部分的报告。 d. NRC 发现大于绿色，如果该问题先前还未根据其他重置标准重置时钟

附录 B　部门人员绩效无事件日清零标准

部门人员绩效无事件日（EFD）清零定义：附表 B-1 中描述的事件或情况，作为以下任一情况的结果而发生：

- 一个个人或一群个人的触发行为（Re）（活动性错误导致的事件）。
- 一个个人或一群个人根据计划执行（Md）而造成的触发行为（并非错误）（由于过去 18 个月中制定的防御机制带有瑕疵或潜在系统漏洞而造成的事件）。
- 任何符合核电厂人员行为无事件日清零标准的事件。

附表 B-1　部门人员绩效无事件日清零标准表

编号	描述
1	核安全 a. 非计划地在线或关机风险级别从绿色到黄色的升高。 b. 非计划地进入操作的技术规范极限条件（LCO），时长小于或等于 10 d。 c. 任何 1～3 级别反应控制事件，如果该问题并没有根据其他重置标准重置时钟。 d. 任何 1～2 级别错位事件，例如一个系统结构或组件不能完成其设计的核安全功能或导致重大瞬变现象但不重置电厂时钟标准。 e. 由于外来异物进入而导致的破坏燃料事件。 f. 任何遗漏的技术规范监督
2	放射安全 a. 在放射性控制区以外（RCA）发现失控的放射性物质。 b. 通常不受污染的大于 100 ft^2（约 9.29 m^2）的厂房区域内发现非计划的污染（大于或等于 1 000 dpm/100 cm^2）。 c. 个人电子累积剂量警报 2 毫雷姆（mrem），超过设定点。 d. 高放射区域事件。任何放射发生导致 INPO HRA 控制性能指标影响（由应用 NEI 99-02 标准，阈值为 30 cm 100 mrem/h 确定）。 e. 非计划的内部使用剂量超过 10 mrem。 f. 未监控的放射性废水释放
3	工业安全 a. 根据 INPO 04-004 标准的 OSHA 可记录伤害，综合数据录入（CDE）数据元素手册。 b. 涉及公司车辆的可预防的交通事故。 c. 未能执行或符合 OSHA 定义的以下程序要求或电厂流程，不属于行政管理的性质：

编号	描述
3	1）有害物质程序 2）化学控制程序 3）密闭空间程序 4）电气安全程序 5）升降和操纵程序 6）坠落保护计划
4	设施运行 a. 财产/设备的损失超过 25 000 美元。 b. 外来异物进入导致设备损坏或需要查找出外来异物。 c. 状态控制事件，包括但不限于： 1）组件错位（SL 1 或 2） 2）现场配置控制疏忽 3）通常锁定的值被发现为未锁定 4）无意中使设备无法正常工作的配置 d. 未经认可的培训计划导致工作的开展没有适当的资格认证。 e. 重新工作造成 INPO12-007 定义的严重后果（级别 1 或 2），INPO12-007 重新工作的追踪和分类准则。 f. 任何 2 级标记事件
5	监管事件 a. 根据 10CFR73 附录 G 定义的安全报告，不包括不安全的重要区域大门和未受控制的安全标识。 b. 除技术规范之外缺失的监管要求监督。 c. NRC 绿色发现或非引冲突（NCV）导致人员绩效异常，如果没有已经因为其他标准重置。 d. NRC 要求的检查安全失控。 e. 不符合环境许可证（如 NPDES 许可证、氚排放）或联邦、州或当地的环境法规、规章或条例的情况
6	应急准备（EP） a. 未能为演习或实际的紧急事件提供所需的最低数量要求的位置。 b. 未能在 NRC 评估演习或实际的紧急事件中准确和及时地执行以下内容： 1）明确紧急突发事件 2）通知异地反应机构突发紧急事件声明 3）开展保护性措施推荐 4）通知异地反应机构保护性措施推荐

附录 C　定义

以下定义使用了一种共同语言，有助于理解并促进本文档中术语使用的一致性。以下未列出的其他人员行为术语可参见 INPO 06-003，人员行为参考手册（2006 年 10 月）。

活动性错误：改变设备、系统、工厂状态或个人的错误，立即触发不期望的后果。

有风险的行为：一种行为，信念，假设或状态，倾向于降低人类行为工具的有效性或增加行动过程中错误的机会-风险行为应当在观察到时得到纠正。

任意清零：将不满足特定的人员行为无事件日清零标准的事件申报为清零事件。

错误：无意中脱离预期行为的动作。

事件：工厂结构，系统或组件，人员/组织条件（健康、行为、行政控制、环境等）的状态里的不希望的、不期望的改变，超过已建立的重要标准并且涉及因果关系链里的人类行为或不作为行为。

事件日期：事件发生的日期或事件被发现的日期。

潜在条件：未检测到的环境或情况，如设备缺陷；为了立即达到生产目标而牺牲安全余量的愿望；各种过程、程序和过程缺陷，直到通过定期测试，自我评估过程，操作经验或某个事件才显露出来。

管理防御（Md）：一种积极的方法来发现和纠正漏洞与防御（因为事件总是涉及违反防御）。

观察：监督个人或群体的绩效——观察应包括对良好行为的积极强化，以及对不符合预期的行为的矫正强化。

现场人员：所有直接以及间接支持核电厂运行的人员，包括永久、临时以及辅助人员。

减少错误（Re）：在工作现场采取的预计、防止或发现错误的行动。

第10章

核动力人因管理体系的评估

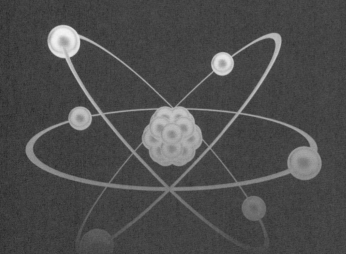

本章主要介绍一种适用于我国核动力厂人因管理体系的评估方法。核电厂人因工作组基于 2019 年 WANO 发布的 *Human Performance Programme Assessment Model*（WANO GL 2019-03），结合我国核动力厂人因管理工作实践，在工作组内广泛征求了各成员单位意见的基础上，编写完成的《核动力厂人因管理体系评估指南》。该评估方法用以指导我国核动力厂开展人因管理体系的评估活动，并可作为核动力厂人因监管的技术文件。该套评价方法从 7 个维度评价人因管理体系，每个维度定义了 5 个级别，为评估核动力厂人因管理体系提供了简单易行的方法。

10.1　背景介绍

在核动力厂运营阶段，人因失误已成为引发事故的主要原因之一，如何通过人因失误防范技术和工具，预防核动力厂人因失误发生以避免严重的后果已成为国内外核安全界的焦点。美国三哩岛事故后，核电行业从以往主要关注反应堆设计安全、设备可靠性向关注人员操作可靠性转变，并提出人因绩效管理思想。人本身具有复杂性、善变性、能力有限等固有局限性，且还会受到外部环境、组织管理因素的影响，因此对于人因绩效的有效管理显得格外重要，对人因失误的预防与控制措施必须是系统的。这也是人因绩效管理的目的，需要采取必要的管理手段来减少人因失效，强化标准和期望，实现长期"零人因事件"是核动力厂运营阶段始终追求的卓越目标。

鉴于人因失误预防和屏障管理的重要性，WANO 和 INPO 均推荐核动力厂建立成熟的人因管理体系。人因绩效管理提升是核电领域不断追求绩效管理提升的主要方向之一。当前各核动力厂已基本建立人因绩效管理体系，但需要有统一的评估体系，来判断其人因绩效管理体系是否完善。

2019 年 WANO 发布 *Human Performance Programme Assessment Model*（WANO GL 2019-03），该文件从 7 个维度评价人因管理体系，每个维度定义了 5 个级别，为评估核动力厂人因管理体系提供了简单易行的方法。各核电集团在借鉴国际人因管理体系评估经验的基础上结合自身特点也开展了多种多样的人因管理体系评估活动，但是评估标准各不相同，有必要形成行业内核动力厂人因管理体系评估标准，开展行业人因管理体系评估活动。鉴于此，我国编写了《核动力厂人因管理体系评估指南》，对 WANO 导则进行了内化，用于统一指导核动力厂人因绩效评估与改进。

通过建立一套行业全面系统、协同共享、追求卓越的核动力厂人因管理体系评估指南，旨在规范开展核动力厂人因管理体系评估活动的实施全过程，通过组织对在运核动力厂的人因管理体系评估，识别核动力厂人因管理体系培育和实践方面的良好实践和薄弱环节，交流人因管理体系建设的经验，持续提升人因管理水平，实现长期"零人因事件"；提供行业经验交流和互相学习的平台，促进核动力厂人因管理水平的持续改进和提高。

10.2　适用范围、规范性引用文件和相关定义

《核动力厂人因管理体系评估指南》规定了核动力厂人因管理体系的评估标准、评估流程和方法、评估组织机构及职责和评估报告格式。

该指南适用于我国在运核动力厂的人因管理体系评估，其他核设施的人因管理体系评估可参照执行。

下列文件中的内容通过文中的规范性引用而构成该指南必不可少的条款。其中，注日期的引用文件，仅该日期对应的版本适用于该指南；不注日期的引用文件，其最新版本（包括所有的修改单）适用于该指南。

WANO PO&C 2019-1　业绩目标与准则

IAEA NG-T-2.7　管理人因绩效以改进核设施的运行

WANO GL 2019-03　*Human Performance Programme Assessment Model*

下列术语和定义适用于该指南。

成熟度模型：用于确定项目/计划的某些属性达到何种程度的模型。

人因绩效管理：通过使用适当的分析方法或技术，减少人因错误的可能性，提高组织效率的一系列活动。

单位/组织：全部成员个人、指挥控制、政策、程序和实践方法的集合，即人和制度的集合。

人因管理体系评估：指组织单位组建评估队伍，采取现场访谈、活动观察和文件查阅等方法，基于统一的人因管理体系标准，来评价受评单位人因管理体系水平的一项管理活动。

10.3　人因管理体系评估队组成及成员职责和资格

10.3.1　评估队组成及职责

为开展人因管理体系评估活动，应组建核动力厂人因管理体系评估队。评估队成员包括 1 名队长、1 名副队长、1 名协调员、若干名评估队员以及辅助人员。评估队组成应全面考虑成员的独立性、专业性、代表性。受评单位人员不宜担任评估队员，其所属集团公司人员不宜担任评估队队长。

评估队的主要职责是：

1）审阅评估先期文件包。预先了解受评方人因管理体系建设情况，为现场评估做准备。

2）开展人因管理体系现场评估活动。评估活动采取的方式包括：人员访谈、行为观察以及现场文件和资料的查阅等。

3）编写评估报告。评估报告应按规定的格式编写，主要内容包括：评估结论、发现的事实以及提出的良好实践和改进建议等。

10.3.2　评估队成员职责

（1）队长

1）组建评估队，招募具有相应资历的队员；

2）对评估队员进行评估前培训；

3）计划、安排、协调和指导评估活动；

4）在入场会上介绍评估活动安排；

5）参与现场评估并主持每天的例会；

6）组织编写评估报告；

7）在离场会上报告评估结果。

（2）副队长

1）支持队长履行职责，包括评估工作的计划和协调；

2）在评估过程中指导评估小组工作；

3）参与人员访谈、行为观察和文件审查；

4）协助队长组织编写评估报告。

（3）队员

1）参加评估培训，熟悉评估流程和程序；

2）负责评估的具体实施，包括人员访谈、行为观察、文件审查等；

3）编写人因管理体系评估报告。

（4）协调员

1）负责评估活动前的相关资料的收集和分析；

2）协助队长组建评估队；

3）协助队长开展评估培训；

4）负责与受评方对接，协助队长计划、管理评估活动；

5）收集汇总评估结果。

（5）辅助人员

1）支持评估队完成评估信息的收集、整理和录入工作；

2）其他需要协助的事宜。

10.3.3　评估队成员资格要求

评估队长应具备以下条件：

1）现任或曾任核领域中高层管理人员；

2）熟悉人因管理体系建设相关工作；

3）熟悉人因管理体系评估相关文件；

4）具有核电评估经验；

5）作风正派，办事公正，工作认真，态度谦虚。

评估队员应具备以下条件：

1）具有 5 年以上核领域工作经验或 3 年以上人因管理经验；

2）熟悉人因管理体系评估相关文件。

10.4　人因管理体系评估过程

（1）申请阶段

核电厂根据自身人因管理体系建设需要，向有关组织提出核电厂人因管理体系评估的申请，双方协商后确定评估方案。

（2）准备阶段

该阶段的主要任务是：收集先期文件包、组建评估队、评估通知、评估培训、制订访谈计划。

1）收集先期文件包

受评方需在现场评估前 1 个月提交评估先期文件包，内容包括但不限于以下信息：

①核电厂基本情况介绍、使命和愿景，核电厂的组织机构图和关键岗位人员信息；

②现场评估期间的现场活动日程清单；

③现场评估期间主要会议日程清单（包括公司月度例会、生产早会/晚会、经验反馈例会等）；

④核动力厂人因管理相关程序和规定；

⑤近两年人因管理体系相关活动清单及成果；

⑥已开展的内、外部与人因管理体系相关的评估/检查/监督结果摘要；

⑦书面化的核电厂人因管理体系介绍材料；

⑨核电厂防人因失误培训管理要求；

⑨核电厂经验反馈流程及管理要求；

⑩核电厂防人因训练实施介绍材料；

⑪核电厂开发的管理屏障介绍材料；

⑫核电厂防人因失误培训教材；

⑬核电厂防人因失误培训计划与实施情况；

⑭管理者在现场管理要求介绍材料；

⑮管理巡视/观察指导模板；

⑯最近 1 年管理巡视数据；

⑰管理巡视/观察指导数据分析与利用材料；

⑱岗位行为规范；

⑲不准做清单；

⑳程序质量提升流程介绍材料；

㉑程序缺陷申请数据；

㉒核电厂开发的技防/物防手段介绍材料；

㉓防人因失误工具使用/行为规范遵守介绍材料；

㉔人因事件趋势和二级分析材料；

㉕状态报告指标；

㉖人因偏差填报数据；

㉗工后总结管理介绍材料；

㉘人因管理自我评估、包含人因主题的内外部评估交流活动

㉙人因绩效 KPI 指标以及用于提升改进的支持材料。

2）组建评估队

评估队的组建应在现场评估开始前 2 个月完成。评估队员人数为 7～8 人，具体人数可根据受评方的实际情况进行调整。

3）评估通知

评估活动的通知由行业内相关组织在现场评估前 1 个月以正式文件形式发送受评方。评估通知的内容包括：评估的目的、要求、日程、人员组成和培训安排等。

4）评估培训

评估队组建完成后应对评估队员进行为期 1 天的培训，内容包括：

①评估预期、评估标准、评估要求和评估流程；

②受评核电厂情况，先期文件包内容；

③评估技能；

④评估结论的编写。

5）制订访谈计划

受评方协调员负责与评估队商定访谈日程表。评估队从受评方的组织机构图中挑选受访人员，受评方协调员确认受访人员能否参加访谈，如因故不能参加，提出替代人员建议，并提供受访人员的其他所需信息。

①根据受评方的评估期望，结合先期文件包中了解的信息，确定评估的重点领域和访谈的重点部门。访谈对象还应考虑现场监督组以及主要承包商。

②根据受评方员工数，可安排多场访谈活动。

③各部门的访谈人数比例原则上与各部门人数在单位总人数占比保持一致。

（3）实施阶段

核动力厂人因管理体系评估活动一般持续一周左右，主要会议包括：入场会议、离场会议和评估队每日队会。评估方式包括人员访谈、行为观察和文件审视。典型的评估日程如下：

周一：入场会议，人员访谈/行为观察，评估队日会；

周二：人员访谈/行为观察，评估队日会；

周三：人员访谈/行为观察，评估队日会；

周四：评估队内部讨论，编写报告；

周五：离场会议/结束。

1）入场会议

入场会议由评估队队长主持，会议议程如下：

- 宣布会议开始；

- 双方介绍参会成员；

- 双方领导讲话；

- 队长介绍评估目的、主要内容、安排与相关要求；

- 受评方介绍人因管理体系建设的主要情况。

2）评估方式

①人员访谈：人员访谈是核动力厂人因管理体系评估的重要方法之一。访谈的对象包括受评方各个层级人员。评估队员根据自身经验和受评方的特点，设计或选取访谈问题。访谈过程中评估队员可根据对话进程和被访者的响应情况增加新的问题。评估队成员根据核动力厂人因管理体系评估准则（附录 A）描述的人因管理体系的评估内容进行评价，该准则涉及 7 个领域维度、18 个子项。其中，7 个领域维度如下：

维度 1. 体系建立；

维度 2. 人员培训；

维度 3. 领导参与；

维度 4. 工具使用；

维度 5. 组织运作；

维度 6. 持续监控；

维度 7. 评估改进。

评估员应参照人因管理体系评估准则（附录 A），将访谈结果与业界经验、行业实践相比较，如果认为其明显高于行业一般水准，则给予正面评价；如果认为符合行业一般水准，则给予中性评价；如果认为明显低于行业一般水准或有明显的弱项，则给予负面评价。

②行为观察：评估队成员应根据附录 A 对现场活动或会议进行观察，记录观察结果。行为观察活动主要包括（但不限于）：电厂会议；交接班；工前会/工后会；培训；维修活动；运行操作。

③文件审视：通过文件查阅可收集人因管理体系表现的事实依据，也可通过文件审视来核实访谈和观察中收集的信息是否属实。

3）每日队会

评估队应在当天下午召开每日队会，交流当天的人员访谈和行为观察结果，明确后续评估重点和安排。受评方协调员应参加每日队会，负责协调、核对和反馈每日收集的信息。

4）离场会议

离场会议应由评估队队长主持，主要内容包括：

①队长报告评估结果；

②受评方对评估结果陈述意见；

③双方领导讲话；

④现场评估活动结束。

5）评估结论

评估队依据附录 A 中描述的人因管理体系的评级准则，通过人员访谈、行为观察、文件审视和会议观察等采集评估数据，并根据 7 个维度、18 个子项收集的事实，判断受评方在人因管理体系认识和实践上存在偏差，依据附录 B《人因管理成熟度模型》，给出各维度的成熟度等级。

各维度的成熟度等级分为五个级别：起步、发展、成熟、领先、卓越。

Level 1 起步：人因管理缺失，需要管理层的高度关注与改进，处于起步等级的领域等于待改进项。

Level 2 发展：人因管理已部分建立，有些领域还有缺失，需要管理层关注。

Level 3 成熟：人因管理能够根据不断进行的评估持续改进。

Level 4 领先：部分领域做得比较好，有机会将其用来更广泛地提高人因管理或者电厂业绩。

Level 5 卓越：人因管理已成为整个公司战略规划不可或缺的部分，成为全员的自觉行为，达到或高于各领域特征的期望。

与电厂探讨 7 个维度所期望达到 5 级以内的级别，根据存在的偏差，给出可以采取的行动建议，并与电厂达成一致意见。

6）正式报告提交

现场评估结束后，评估队队长应按照相应的格式组织编写、提交人因管理体系评估报告。个人信息不应体现在人因管理体系评估报告中，原始记录应在现场评估活动结束后及时销毁。

附录

附录 A　人因管理体系评估准则

维度	子项	评估内容
体系建立	管理程序	是否有要求清晰、正式发布的人因管理程序
		管理者与员工是否熟悉并理解人因管理程序的内容、要求和含义
		是否有正式发布的防人因失误培训管理规定
		公司是否建立了经验反馈运作制度，并能提供良好实践的信息反馈？且所有员工都有方便的渠道获取这些信息
		从事人因管理工作的人员是否有清晰的学习路径（培训、实习等）
	持续宣贯	是否所有的人因关注问题和趋势都宣贯给相关员工和承包商人员
		防人因工具/方法在工作中的使用强化是否持续地宣贯给相关员工和承包商人员
		是否对人因管理体系的价值和愿景进行宣贯
	资源投入	是否有一个正式编制的团队负责人因管理工作
		是否投入资源建设有效的防人因训练设施（训练室、模拟机等）
		岗位要求与人员是否匹配、现场人员工作负荷是否过大、人员是否接受培训并能够休假、是否经常加班
	管理屏障	组织层面是否有具体管理措施/屏障来减少可能发生的人因事件
		是否明确定义了使用和遵守程序（一个人因工具）及程序质量保证（一个屏障）两者之间的不同之处
		是否认可组织管理屏障对于防人因失误的贡献
人员培训	人员培训	培训管理程序中是否有人员行为规范培训的具体要求
		是否对现场工作人员和技术支持人员进行区分，设置不同的防人因失误培训
		对于新员工，是否有一个清晰的防人因失误培训规划
		是否在培训中恰当嵌入并加强了防人因失误相关内容
		防人因培训是否持续加强防人因失误工具的正确使用
		程序中是否有防人因失误复训的要求
		领导和管理层是否表态全力支持防人因失误培训

维度	子项	评估内容
领导参与	领导在现场	是否有正式程序要求公司领导和管理层在现场的时间
		是否所有的公司领导和管理层都理解"领导在现场"的目的及预期的成效
		程序是否明确具体的"领导在现场"的观察指导要求
		公司领导和管理层进行现场观察是否能提供高质量的观察记录和数据
		公司领导和管理层在现场观察指导的反馈是否用于现场相关领域的改进
	领导力	是否所有的公司领导和管理层都理解他们在推进和支持防人因工作中的作用
		是否所有的公司领导和管理层能从人因事件和人因指标趋势中获取信息用于制定改进行动
		是否所有的公司领导和管理层对人因管理程序持积极态度
	一线主管和工作团队负责人	一线主管和工作团队负责人是否理解他们对强化人员行为规范所负的责任
		一线主管和工作团队负责人是否经常在工作点与团队成员交流示范如何正确使用防人因工具和方法及使用过程中的失效点
		对一线主管和工作团队负责人是否有明确的与工作团队一起在现场的具体要求
工具使用	人因工具	是否每一位员工都理解自己在防人因失误中的责任及领导的期望
		是否每一位员工都知道在自己的工作中有哪些防人因失误工具/技术
		每一位员工在遇到潜在的风险时停止工作，是否得到上级的支持
		每一位员工是否都清楚在遇到程序之外的非预期的情况发生时该怎么做
		是否每一位员工觉得可以挑战不正确/低质量的规程
		是否认可不同风险的现场工作使用不同成本的防人因屏障，来减少失误或降低失误造成的影响
	行为规范	各专业（尤其是运行和维修）是否有清晰、具体的行为规范标准来规范工作过程
		各专业是否有清晰的"不准做"清单
组织运作	工前准备&工作标准	现场工作环境是否正确布置和评估以保障工作完成
		工前准备工作和工前会是否实施，并对风险进行分析
		是否根据不同风险的工作对工前会实施分级
		是否有明确的遵守程序的要求，并向员工持续宣传
		在工作开始前，是否每个人都清楚工作目标、分工和职责
		当员工在工作中出错或者降低标准的时候，他的工作组成员是否会主动对其进行纠正和指导

维度	子项	评估内容
组织运作	技防手段	是否布置不同级别的物理屏障来降低各类风险
		是否采取各类技术手段来防止重要共性人因失误（如走错间隔、异物、误碰等）
	工作文件	工作计划和进度表是否进行严格审查，以消除或减少可能导致人员失误或不良影响的情况
		电厂工作流程是否明确规定了物理屏障的使用标准来减少陷阱，如防误碰屏障、使用标识、隔离区
		工作过程中是否能够发现、挑战并纠正不正确或低质量的指令
		是否有相关制度来要求最合适的人选来编制、修订工作文件/程序
		工作文件/程序的编制和修订是否是由最合适的人来执行
		员工是否理解科学的工作文件/程序编制方法可以减少工作中的风险
持续监控	人因工具/行为规范监控	是否有员工使用人因工具/技术的情况统计
		上条数据是否已用于人因绩效改进
		根据不同风险级别的工作，是否有不同级别的防人因工具/技术使用要求
		是否有有效的工后总结，所有员工是否能获得这些信息用于学习
	数据分析	人因事件和人因指标是否有监控和分析，结果是否通报给所有员工，是否要求员工学习相关经验反馈，来提高防人因失误的意识和能力
		是否有组织层面制定改进行动防止事件重发的机制
		是否有人员行为导致失误的因素的分类标准
		在分析人因事件时，是否从个人和组织两个方面来分析人因问题
		是否进行人因共性失效事件的二次分析
		人因数据分析结果是否用于人因管理程序的修订升版
		人因数据分析结果是否用于集团内其他核电厂人因管理程序的修订升版
		是否有人员行为观察的标准模板，并对数据进行收集和分析
		改进计划是否明确公司/群厂和现场操作两个层面
		是否发现核电厂/群厂的人因共性问题
评估改进	自评估	人因管理程序中是否有自评估的要求，是否定期进行自评估
		是否有外部评估（同行/技术专家/政府监督部门）计划
		评估的结论是否分发给业主所有相关人员
		评估结论是否用于改进/优化人因管理程序所有的关注点
		各层级的领导是否赞同并支持根据评估结论和改进方案来弥补缺陷，追求卓越

维度	子项	评估内容
评估改进	外部评估	公司是否从行业协会得到帮助或提出过需求
		公司是否参加过行业标准制定
		是否在集团内定期分享交流人因相关良好实践
		是否在行业内定期分享交流人因相关良好实践
	改进流程	是否有清晰的人因改进流程的标准
		组织上是否成立专项机构（如专项委员会、监督小组、汇报途径、战略计划）来推进改进行动
		人因改进管理是否有 KPI 指标
		是否运用数据分析来推动改进

附录 B　人因管理成熟度模型（资料性附录）

成熟度等级		Level 1 起步	Level 2 发展	Level 3 成熟	Level 4 领先	Level 5 卓越
1	体系建立	尚未建立人因管理程序/规划的正式计划	已有正式发布的改进人因绩效的程序	人因管理程序能够根据不断进行的评估进行升版	人因管理程序能根据记录到的现场事实，如现场观察，形成关联，进行升版	人因管理程序已成为整个公司战略规划不可或缺的部分
2	人员培训	没有专门的人因培训	对于部分员工已有通用防人因和核安全文化培训	防人因理论和防人因工具培训作为核电厂所有相关岗位人员及承包商人员的授权课程	各专业的防人因复训，含在岗培训和模拟机培训，覆盖核电厂一线人员及承包商技术骨干	领导和一线管理者参与防人因和安全文化培训授课，现场观察结果传达给现场工作人员
3	领导参与	领导不参与	领导明确自己在人因工作中的职责，但不在现场	领导能经常到现场，但没有始终贯彻	领导能高频率地到现场，定期强调传达、强调人员行为标准和缺陷改进目标	领导亲自推动人员行为及组织缺陷改进，并能时刻传达、强调人员行为标准和缺陷改进目标
4	工具使用	没有防人因工具/技术	有防人因工具/技术，但没有一个明确的使用标准	核电厂一线人员及承包商骨干能掌握防人因工具并使用	核电厂及承包商所有人员能掌握并使用防人因工具，领导及一线管理者能定期强调防人因工具使用	核电厂及承包商所有人员能在任何时刻自觉使用防人因工具，并通过有计划的定期宣贯等措施保持人员按照正确的标准使用防人因工具
5a	组织运作—工作环境	没有任何现场工作环境巡视/检查	仅在发生人因事件后才安排事件现场的工作环境检查和评估	有定期的现场工作环境检查来降低风险。在工作开始前有明确要求要下现场检查	现场工作环境检查的反馈数据能统一收集汇总、分析，必要时改进工作环境	领导/一线管理者带头进行定期现场工作环境巡视/检查，并对潜在的人因陷阱进行优化/改进
5b	组织运作—工作文件	有工作程序/文件，但没有编写正式的工作程序/文件编写规范	对所有工作程序/文件有正式的编写规范	工作程序/文件定期升版，电厂所有人员知道如何获取最新版工作程序/文件	工作程序/文件编写质量较高，结构和描述容易理解	工作程序/文件编写质量高，程序执行不易出现理解偏差，并能定期升版

成熟度等级		Level 1 起步	Level 2 发展	Level 3 成熟	Level 4 领先	Level 5 卓越
6	持续监控	对于人因相关程序/人因技术执行过程没有监控	对于人因相关程序/人因技术的执行过程的监控，有明确的要求	人因工程师/人因专家定期检查人因监控指标	人因工程师/人因专家定期检查人因监控指标，管理团队定期就指标结果讨论分析	人因工程师/人因专家定期检查人因监控指标，管理团队定期就指标结果讨论分析，并且制定清晰明确的改进行动
7	评估改进	没有人因管理评估	被动进行人因绩效的评估	每年按照标准的流程进行人因管理评估	定期进行正式的人因管理评估，评估结果用于制订人因管理改进计划	定期进行正式的人因管理内外部评估，评估结果用于整体人因管理体系的改进

第11章
总结和建议

11.1　监管建议

针对国家核安全局 2023 年第一次经验反馈集中分析会，本书对营运单位、监管机构和技术支持单位等提出监管建议。

11.1.1　对营运单位

（1）开展履职尽责、遵守规程的观察指导专项活动

各营运单位落实主体责任，开展履职尽责、遵守规程的观察指导专项活动，针对发现的问题，采取针对性的整改行动。营运单位落实"违规操作零容忍、弄虚作假零容忍"的要求，强化遵守/使用规程的理念，避免不切实际的业绩考核及导向，形成遵守/使用规程的核安全文化。

（2）研究推广监护记录仪等良好实践

研究在主控室增加监护记录仪和现场操作录像的可行性，可考虑以交叉视角（如模拟机培训部专业人员）对录像中发现的行为不规范问题进行回溯、整理并提出改进建议，对所采取的纠正行动进行跟踪及有效性评价。

（3）开展标准大修流程的研究推广

根据不同堆型特点，考虑标准的大修主线计划、人员配备及工时的基础上，研究制定科学的标准大修流程。始终坚持"安全第一、质量第一"，杜绝片面赶工赶期。

（4）加强人因事件的经验反馈与原因分析

加强调试和运行之间、基地内不同机组之间、同类型机组之间的经验反馈，加强人机界面优化、设计与现场不一致的问题向设计单位反馈，在后续新建项目上进行改进。同时加强人因事件在组织管理和安全文化层面的分析深度。

11.1.2　对监管机构

（1）开展防人因失误管理体系有效性评价活动

在例行核安全检查中设置防人因失误监督检查项目，或采取专项检查的方式对营运单位防人因失误管理体系有效性进行评价。目前，生态环境部核与辐射安全中心已完成相关技术支撑文件的编写工作，并计划按照生态环境部核电安全监管司（核二司）要求对营运单位开展评估活动。

（2）进一步支持和引导核电厂人因工作组工作

依托国家核安全局核电厂人因工作组，加强对人因失误的监管与经验反馈，制定与发布人因监管相关管理要求和技术文件。开发人因失误数据库，为核动力厂安全分析和人机接口优化提供设计输入。加强人因工作组的运作机制和科研资金保障。

（3）进一步关注操纵员在取照考试及持照期间的安全行为是否规范

进一步关注操纵员在模拟机取照考试、复训及实际操作等持照期间的安全行为是否规范，进行监测与再评估，将发现的行为不谨慎、不规范等问题进行记录与反馈。

（4）开发防人因失误监督检查程序

参考其他国家核安全监管实践经验，结合我国核安全监管需求和人因失误的特点，编制专门的防人因失误监督检查程序，明确防人因失误监管的目标、要求、监督检查内容以及验收准则。建议开展关于运行值履职尽责的非例行监督检查。

11.1.3 对技术支持单位

（1）加强人因失误事件的经验反馈

通过经验反馈专题分析会、监管体系内部月度例会、全国核动力厂季度例会、专题经验反馈、典型人因失误事件调查和信息通报等形式开展核动力厂人因失误事件技术交流。总结典型人因事件经验教训和良好实践，编写人因事件案例集。

（2）编制核动力厂人因管理导则

建议基于前期研究的 IAEA、NEA、NRC 等人因监管文件，编制《核动力厂人因管理导则》，为监管活动提供法规依据。

11.2 监管要求

11.2.1 集中分析会纪要

（1）进一步加强人因事件分析的深度

进一步分析汇报材料中典型核电厂人因事件案例，确定真正的根本原因；针对核电厂不同阶段、不同工况、不同堆型等多维度，开展宏观统计数据的分析，在翔实数据分析的基础上审慎识别人因失误的内在原因；分析不同机组关键性节点的重要操作，研究提出有针对性的监管建议；关注营运单位人因问题的整改情况，必要时采取相应措施促进整改的落实到位。

（2）加强对核电厂人因事件中管理方面问题的研究

规则型失误反映的核心问题是营运单位管理问题，技术支持单位应针对这类有章不遵、对核安全缺乏敬畏之心、不使用防人因失误工具等问题开展深入研究，提出相应的监管建议；各相关核与辐射安全监督站采取必要的纠正行动，减少规则型人因失误现象的反复发生。

（3）建立操纵员违规操作、不规范行为的负面清单

开展建立操纵员违规操作、不规范行为的负面清单方面的研究，充分考虑特殊情况（如疫情、战争等）可能会影响操纵员的行为，进而造成人因事件的情况；各相关核与辐射安全监督站应采用一线扁平化监督方式开展现场监督，加强对现场运行人员的关注力度，并掌握现场操纵员名单和值班信息。

（4）进一步完善经验反馈体系

监管系统内各单位应注重实践经验的传承，将把个人的经验和能力变成集体的经验和能力作为一项持续推进的工作。技术支持单位应进一步开展核电行业经验传承的研究，提出政策方面的建议，一是要进一步理顺监管系统内各单位间的经验反馈渠道，二是要进一步打通核电行业内各单位之间的信息传递链条，形成完整的经验反馈体系。

11.2.2　监管发文

在第一次经验反馈集中分析会后，国家核安全局发布《关于加强核电厂防人因失误管理工作的通知》（国核安函〔2023〕96 号），具体内容如下。

近年来，我国核电厂发生多起人因问题导致的运行事件，造成核电厂非计划停堆。这些运行事件暴露出部分核电厂营运单位在运行人员管理、防人因失误工具使用、人因事件原因分析和经验反馈体系等方面存在不足。为做好核电厂防人因失误管理工作，降低人因失误给核电厂安全运行带来的影响，现提出以下监管要求：

1）营运单位应加强运行人员管理和培训，进一步提高操纵人员应对机组瞬态的能力。

2）营运单位应加强换料大修期间的防人因失误管理，充分运用防人因失误工具，有效减少人因失误。

3）营运单位应加强人因事件分析，从核安全文化的高度，进一步深入挖掘规则型人因失误的发生机理，识别深层次原因，综合设防，采取有针对性的纠正行动，减少规则型人因失误现象的反复发生。

4）营运单位应加强对规则型人因失误行为的管理，将违规行为列入操纵人员执照管理的要素；进一步加强承包商管理，重点关注有规则型人因失误劣迹行为的承包商。

5）各核电集团公司应加强指导和规范本集团核电厂营运单位的人因管理工作，加强集团内各核电机组间的经验反馈，及时将人因工程问题反馈至设计单位及新建项目。

11.3 后续行动汇总

综上所述，在 2023 年国家核安全局第一次经验反馈集中分析会后，国家核安全局机关、地区监督站、核与辐射安全中心逐步逐条按照会议纪要和监管发文要求持续推动核动力厂运行值人因监管相关工作，具体行动汇总见表 11-1。

表 11-1 2023 年国家核安全局第一次经验反馈集中分析会后续行动汇总

会议要求	相关工作进展
（一）进一步加强人因事件分析的深度	（1）组织编制人因事件案例集；组织人因工作组形成人因工程相关人因事件分析清单
	（2）开展"非核安全级设备对机组运行安全影响研究"课题；关注机组日常运行或大修中在线维修项目对安全的影响
	（3）将"人因管理"作为核安全文化领域的重要输出指标及定期评估子项；将典型人因管理问题作为站 TOP 问题
	（4）梳理统计运行核电厂人因事件趋势、问题分类和占比；联合营运单位开展防人因失误工具宣贯、技能比武竞赛等活动
	（5）形成"关于深挖人因事件根本原因，推动核安全工作高质量发展"调研报告
	（6）要求营运单位深入分析知识型、技能型和规则型人因失误问题的直接原因和根本原因，从工作程序等方面入手，采取针对性的纠正措施
（二）加强对核电厂人因事件中管理方面问题的研究	（1）研究提出防人因失误管理的监管要求；发布《关于加强核电厂防人因失误管理工作的通知》（国核安发〔2023〕96 号）
	（2）督促营运单位重视规则型人因失误问题和操纵员管理，完善内部监督和奖惩机制；督促营运单位举一反三，开展经验反馈和人因管理培训
	（3）对运行核电厂开展针对核电厂操纵人员的运行安全专项检查
	（4）督促集团加强指导，梳理畅通人因工程问题反馈至设计单位及新建项目渠道和机制
	（5）组织开展研究堆营运单位首次防人因失误管理专项检查
	（6）督促营运单位开展"危急慌乱情况下是否应坚定执行程序"大讨论
	（7）结合后处理、废物处置设施例行监督检查，加强对违章操作行为的检查

会议要求	相关工作进展
（三）建立操纵员违规操作、不规范行为的负面清单	（1）组织修订核设施操纵人员监督检查程序，研究编制操纵人员负面行为清单 （2）加强对现场运行人员的关注力度，动态掌握操纵人员值班信息，在程序中明确日常监督中对核设施运行操纵员等的监督要求 （3）建立操纵人员负面清单机制，统计违规操作等问题，报国家核安全局作为换发操纵人员执照的依据 （4）形成《核设施操纵员负面行为清单、操纵员日常行为规范准则及相关监管措施》 （5）与核电集团在操纵人员行为准则、运行人员负面行为的客观记录、审核及移除规则达成共识 （6）每周抽查操纵人员配置、值班情况、值班纪律落实情况以及运行日志、交接班记录等文件填写情况 （7）监督员入运行值倒班，近距离了解运行人员工作方式、工作状态和机组真实状况 （8）每日巡视主控室，核实运行管理情况
（四）进一步完善经验反馈体系	（1）持续完善经验反馈体系，形成经验反馈集中分析会、核安全管理经验年度交流大会、运行核电厂季度例会、监管系统月度例会等经验反馈交流机制 （2）形成六个站之间的经验交流和站内交流机制 （3）依托有关核电基地，确立"师带徒"机制，对新监督员开展培训 （4）建立跟踪台账，通过日程监督和控制点检查跟踪营运单位排查和整改落实情况 （5）组织论文比赛、工作简报及技术见解编写，汇总良好监督实践、分享个人经验；以老带新实现"传帮带" （6）参与每月经验反馈例会，及时反馈监督过程中发现的问题和良好实践 （7）制订新员工入职培训计划，建立"传帮带"机制，为每名新入职监督员指定老监督员进行工作指导和能力培养 （8）依托 OA 系统，及时共享监督工作文件资料，并通过报告审核会、监督员讨论会等交流工作经验